新编特种作业人员安全技术培训考核统编教材

压力焊作业

王长忠　主编

U0288816

中国劳动社会保障出版社

图书在版编目(CIP)数据

压力焊作业/王长忠主编. —北京:中国劳动社会保障出版社,2014
新编特种作业人员安全技术培训考核统编教材
ISBN 978 - 7 - 5167 - 0959 - 7

Ⅰ.①压… Ⅱ.①王… Ⅲ.①压力焊-安全培训-教材 Ⅳ.①TG453

中国版本图书馆 CIP 数据核字(2014)第 059203 号

中国劳动社会保障出版社出版发行

(北京市惠新东街 1 号 邮政编码:100029)

*

北京金明盛印刷有限公司印刷装订 新华书店经销

880 毫米×1230 毫米 32 开本 8.125 印张 228 千字

2014 年 4 月第 1 版 2014 年 4 月第 1 次印刷

定价:**25.00 元**

读者服务部电话:(010)64929211/64921644/84643933

发行部电话:(010)64961894

出版社网址:http://www.class.com.cn

编委会

前言

我国《劳动法》规定:"从事特种作业的劳动者必须经过专门培训并取得特种作业资格。"我国《安全生产法》还规定:"生产经营单位的特种作业人员必须按照国家有关规定经专门的安全作业培训,取得特种作业操作资格证书,方可上岗操作。"为了进一步落实《劳动法》《安全生产法》的上述规定,配合国家安全生产监督管理总局依法做好特种作业人员的培训考核工作,中国劳动社会保障出版社根据国家安全生产监督管理总局颁布的《安全生产培训管理办法》《关于特种作业人员安全技术培训考核工作的意见》和《特种作业人员安全技术培训考核管理规定》,组织了《特种作业人员安全技术培训大纲和考核标准》起草小组的有关专家,依据《特种作业目录》中的工种组织编写了"新编特种作业人员安全技术培训考核统编教材"。

"新编特种作业人员安全技术培训考核统编教材"共计9大类41个工种教材:1. 电工作业类:(1)《高压电工作业》(2)《低压电工作业》(3)《防爆电气作业》;2. 焊接与热切割作业类:(4)《熔化焊接与热切割作业》(5)《压力焊作业》(6)《钎焊作业》;3. 高处作业类:(7)《登高架设作业》(8)《高处安装、维护、拆除作业》;4. 制冷与空调作业类:(9)《制冷与空调设备运行操作》(10)《制冷与空调设备安装修理》;5. 金属非金属矿山作业类:(11)《金属非金属矿井通风作业》(12)《尾矿作业》(13)《金属非金属矿山安全检查作业》(14)《金属非金属矿山提升机操作》(15)《金属非金属矿山支柱作业》(16)《金属非金属矿山井下电气作业》(17)《金属非金属矿山排水作业》(18)《金属非金属矿山爆破作业》;6. 石油天然气作业类:(19)《司钻作业》;7. 冶金生产作业类:(20)《煤气作业》;8. 危险化学品作业类:(21)《光气及光气化工艺作业》(22)《氯碱电解工艺作业》(23)《氯化工艺作业》(24)《硝化工艺作业》(25)《合成氨工艺作业》(26)《裂解工艺作业》(27)《氟化工艺作业》(28)《加氢工艺作业》(29)《重氮化工艺作业》

（30）《氧化工艺作业》（31）《过氧化工艺作业》（32）《胺基化工艺作业》（33）《磺化工艺作业》（34）《聚合工艺作业》（35）《烷基化工艺作业》（36）《化工自动化控制仪表作业》；9．烟花爆竹作业类：（37）《烟火药制造作业》（38）《黑火药制造作业》（39）《引火线制造作业》（40）《烟花爆竹产品涉药作业》（41）《烟花爆竹储存作业》。本版统编教材具有以下几方面特点：

一、突出科学性、规范性。本版统编教材是根据国家安全生产监督管理总局统一制定的特种作业人员安全技术培训大纲和考核标准，由该培训大纲和考核标准起草小组的有关专家在以往统编教材的基础上，继往开来的最新成果。

二、突出适用性、针对性。专家在编写过程中，根据国家安全生产监督管理总局关于教材建设的相关要求，本着"少而精""实用、管用"的原则，切合实际地考虑了当前我国接受特种作业安全技术培训的学员特点，以此设置内容。

三、突出实用性、可操作性。根据国家安全生产监督管理总局《特种作业人员安全技术培训考核管理规定》中"特种作业人员应当接受与其所从事的特种作业相应的安全技术理论培训和实际操作培训"的要求，在教材编写中合理安排了理论部分与实际操作训练部分的内容所占比例，充分考虑了相关单位的培训计划和学时安排，以加强实用性。

总之，本版统编教材反映了国家安全生产监督管理总局关于全国特种作业人员安全技术培训考核的最新要求，是全国各有关行业、各类企业准备从事特种作业的劳动者，为提高有关特种作业的知识与技能，提高自身安全素质，取得特种作业人员 IC 卡操作证的最佳培训考核教材。

"新编特种作业人员安全技术培训考核教材"编委会
2014 年 3 月

内 容 提 要

　　本书根据国家安全生产监督管理总局颁布的"压力焊作业人员安全技术考核标准"和"压力焊作业人员安全技术培训大纲",并针对焊接行业作业人员的要求编写,共有十三章内容,大部分内容注重压力焊接方法与安全相应的操作训练。本书内容涉及安全生产法律法规与安全管理、压力焊及其安全基础知识、压焊安全操作训练、电阻焊安全、摩擦焊安全、超声波焊安全、爆炸焊安全、冷压焊安全、气压焊安全、高频焊安全和电容储能点焊安全。

　　本书结合生产实际需求编写,可作为各类生产型企业焊接相关的特种作业人员培训教材,也可作为企事业单位安全管理人员及相关技术人员参考用书。

目　录

第一章 安全生产法律法规与安全管理

安全生产是指为了使劳动过程在符合安全要求的物质条件和工作秩序下进行，防止伤亡事故、设备事故及各种灾害的发生，保障劳动者的安全健康和生产作业过程的正常进行而采取的各种措施和从事的一切活动。

为什么要对劳动者在劳动生产过程中的安全、健康加以保护呢？因为在劳动过程中存在着各种不安全、不卫生的因素，如不加以保护会发生工伤事故和职业危害。例如，矿井作业可能发生瓦斯爆炸、冒顶、片帮、水灾和火灾等事故，工厂可能发生机器绞碾、触电、受压容器爆炸以及各种有毒有害物质的排放等危害；建筑施工可能发生高空坠落、物体打击和碰撞；交通运输可能发生车辆伤害和淹溺事故；还有不少地区近年比较多发的是采石场塌方、工厂火灾、烟花爆竹厂爆炸等，这些都会危害劳动者的安全健康，甚至造成人民生命财产的重大损失。

为了不断改善劳动条件，预防工伤事故和职业病的发生，为劳动者创造安全、卫生、舒适的劳动条件，必须从组织管理和技术两方面采取有效措施。

（1）组织管理措施方面。国家和各级政府主管部门及企业为了保护劳动者的安全与健康，制定方针、政策、法规和各种安全制度，建立安全生产监察和管理的组织机构，确立安全生产管理体制，开展安全生产宣传教育和安全大检查，加强科学监测检验和科学研究，总结和交流安全生产工作经验等。

（2）技术措施方面。随着生产的发展，逐步实现生产过程的机械化、自动化和密闭化，积极采取劳动安全技术措施和劳动卫生措施，加强个人防护，发给职工防护用品等。

第一节 安全生产的方针

安全生产的方针是"安全第一，预防为主，综合治理"。这是安全生产工作经验的总结，是血的教训的结晶。它的含义是：在组织和指挥生产时，首先要想到和提出在安全上有什么问题，有针对性地研究好预防性措施；当其他工作和安全生产发生矛盾时，要求把安全作为一切工作的前提条件，对待事故要坚持预防为主，把事故消灭在萌芽状态，防患于未然。

一、安全和生产的辩证统一

在生产过程中，安全和生产既有矛盾性，又有统一性。所谓矛盾性，首先是生产过程中不安全、不卫生因素与生产顺利进行的矛盾，然后是安全工作与生产工作的矛盾。然而安全工作与生产工作又是相互联系的，没有安全工作，生产就不能顺利进行。特别在某些生产活动中，如果没有起码的安全条件，生产根本无法进行。这就是生产和安全互为条件、互相依存的道理，也就是安全与生产的统一性。

社会生产是不断发展的，生产中原有的不安全、不卫生因素解决了。随着新的生产技术的出现，新的不安全、不卫生因素又将产生，安全与生产的矛盾必将不断发生和存在，安全生产的任务就是不断解决这两者的矛盾，促进生产的发展。只要有生产活动，就有安全生产。因此，安全生产的任务是长期的、艰巨的，必须树立牢固的安全生产工作事业心。

二、安全工作必须强调"预防为主"

安全工作以预防为主是现代生产发展的需要，现代科学技术日新月异，而且往往又是多学科综合运用。安全问题十分复杂，稍一疏忽，就会发生事故。预防为主，就是要把安全工作放在事前做好，要依靠技术进步，加强科学管理，搞好科学预测与分析工作，要在设计生产系统时，同时设计系统安全措施，以保证生产系统安全化，把事故消灭在萌芽状态。安全第一与预防为主是相辅相成的，要做到安全第一，首先要搞好预防措施，预防工作做好了，就可以保证本质安全化，实现安全第一。

三、实施"安全第一，预防为主，综合治理"方针，要克服几种错误思想

1. 重生产、轻安全的思想。
2. 安全与生产对立的思想。
3. 冒险蛮干思想。
4. 消极悲观思想。
5. 麻痹思想和侥幸心理。

四、实施"安全第一，预防为主，综合治理"方针，要坚持安全生产五项基本原则

1. 管生产必须管安全的原则

安全寓于生产之中，生产组织者和科技工作者在生产技术实施过程中应当主动承担安全生产责任，要把管生产必须管安全的原则落实到每个职工的岗位责任制中，从组织上、制度上固定下来，以保证这一原则的实施。

2. "五同时"的原则

即生产组织者必须在计划、布置、检查、总结、评比生产工作的同时计划、布置、检查、总结、评比安全工作的原则。它要求把安全工作落实到每一个生产组织管理环节之中去。这是解决生产管理中安全与生产统一的一项重要原则。

3. "三同时"的原则

即新建、改建、扩建工程以及技术改造、挖潜和引进工程项目的安全卫生设施必须与主体工程同时设计、同时施工、同时投产的原则。这是从根本上解决"物"的危险源，保证生产本质安全的一项重要原则。

4. "三个同步"的原则

即安全生产与经济建设、企业深化改革、技术改造同步规划、同

步发展、同步实施的原则。这是要求把安全生产内容融化在生产经营活动各个方面中，以保证安全生产一体化，解决安全、生产两张皮的弊病。

5. "四不放过"的原则

即在调查处理工伤事故时，必须坚持事故原因分析不清不放过；事故责任者和群众没有受到教育不放过；没有采取切实可行的防范措施不放过；事故的责任者未得到处理不放过的原则。它要求对工伤事故必须进行严肃认真的调查处理，接受教训，防止同类事故重复发生。

五、实施"安全第一，预防为主，综合治理"方针，要善于总结和推广经验

安全生产工作如何更好地适应生产发展的需要，充分体现安全生产方针的要求，必须注意实践中不断涌现出来的先进安全生产经验，及时总结，予以交流和推广。

安全生产的经验是多方面的，有属于管理方面的，如安全教育培训经验、安全目标管理经验、安全评价经验等；有属于技术措施方面的，如结合工艺改革、设备改造解决尘毒危害的措施和采用各种安全装置与设施的经验等。这两方面的经验都应重视，及时总结，加以推广。

在总结推广先进经验的同时，也应总结和吸取一些事故教训。事实证明，反面教育的效果，比正面教育的收效要大。

第二节　安全生产法律法规体系

一、安全生产法律法规的概念

安全生产法律法规是指调整在生产过程中所产生的同劳动者的安全和健康，以及与生产资料和社会财富安全保障有关的各种社会关系的法律规范的统称。是国家法律体系中的重要组成部分。

二、安全生产法律法规体系

目前的安全生产法律法规体系是一个包含多种法律形式和法律层

次的综合性系统，从法律规范的形式和特点来讲，既包括作为整个安全生产法律法规基础的宪法规范，也包括行政法律规范，技术性法律规范、程序性法律规范。按法律地位及效力同等原则，安全生产法律体系分为以下门类：

1. 宪法

《宪法》是安全生产法律体系框架的最高层级，"加强劳动保护，改善劳动条件"是有关安全生产方面最高法律效力的规定。

2. 安全生产方面的法律

（1）基础法。我国有关安全生产的法律包括《中华人民共和国安全生产法》（以下简称《安全生产法》）和与它平行的专门法律和相关法律。《安全生产法》是综合规范安全生产法律制度的法律，它适用于所有生产经营单位，是我国安全生产法律体系的核心。

（2）专门法律。专门安全生产法律是规范某专业领域安全生产法律制度的法律。我国在专业领域的法律有《中华人民共和国矿山安全法》《中华人民共和国海上交通安全法》《中华人民共和国消防法》《中华人民共和国道路交通安全法》。

（3）相关法律。与安全生产有关的法律是安全生产专门法律以外的其他法律中涵盖有安全生产内容的法律，如《中华人民共和国劳动法》《中华人民共和国建筑法》《中华人民共和国煤炭法》《中华人民共和国铁路法》《中华人民共和国民用航空法》《中华人民共和国工会法》《中华人民共和国全民所有制企业法》《中华人民共和国乡镇企业法》《中华人民共和国矿产资源法》等，还有一些与安全生产监督执法工作有关的法律，如《中华人民共和国刑法》《中华人民共和国刑事诉讼法》《中华人民共和国行政处罚法》《中华人民共和国行政复议法》《中华人民共和国国家赔偿法》和《中华人民共和国标准化法》等。

3. 安全生产行政法规

安全生产行政法规是由国务院组织制定并批准公布的，是为实施安全生产法律或规范安全生产监督管理制度而制定并颁布的一系列具体规定，是我们实施安全生产监督管理和监察工作的重要依据，我国已颁布了多部安全生产行政法规，如《国务院关于特大安全事故行政责任追究的规定》和《煤矿安全监察条例》等。

4. 地方性安全生产法规

地方性安全生产法规是指由有立法权的地方权力机关——人民代表大会及其常务委员会和地方政府制定的安全生产规范性文件，是由法律授权制定的，是对国家安全生产法律、法规的补充和完善，以解决本地区某一特定的安全生产问题为目标，具有较强的针对性和可操作性。如目前我国有 17 个省（自治区、直辖市）人大制定了《劳动保护条例》或《劳动安全卫生条例》，有 26 个省（自治区、直辖市）人大制定了《矿山安全法》实施办法。

5. 部门安全生产规章，地方政府安全生产规章

根据《立法法》的有关规定，部门规章之间、部门规章与地方政府规章之间具有同等效力，在各自的权限范围内施行。

国务院部门安全生产规章由有关部门为加强安全生产工作而颁布的规范性文件组成，从部门角度可划分为交通运输业、化学工业、石油工业、机械工业、电子工业，冶金工业、电力工业、建筑业、建材工业、航空航天业、船舶工业、轻纺工业、煤炭工业、地质勘探工业、农村和乡镇工业、技术装备与统计工作、安全评价与竣工验收、劳动保护用品、培训教育、事故调查与处理、职业危害、特种设备、防火防爆和其他部门等。部门安全生产规章作为安全生产法律法规的重要补充，在我国安全生产监督管理工作中起着十分重要的作用。

地方政府安全生产规定一方面从属于法律和行政法规，另一方面又从属于地方法规，并且不能与它们相抵触。

6. 安全生产标准

安全生产标准是安全生产法规体系中的一个重要组成部分，也是安全生产管理的基础和监督执法工作的重要技术依据。安全生产标准大致分为设计规范类、安全生产设备与工具类、生产工艺安全卫生类、防护用品类四类标准。

7. 已批准的国际劳工安全公约

国际劳工组织自 1919 年创立以来，一共通过了 185 个国际公约和

为数较多的建议书，这些公约和建议书统称国际劳工标准，其中70%的公约和建议书涉及职业安全卫生问题。我国政府为国际性安全生产工作已签订了国际性公约。当我国安全生产法律与国际公约有不同时应优先采用国际公约的规定（除保留条件的条款外）。目前我国政府已批准的公约有23个，其中4个是与职业安全卫生相关的。

三、安全生产法规体系总框架

按照上述法律体系原则设计的安全生产法规体系，其框架如图1—1所示。

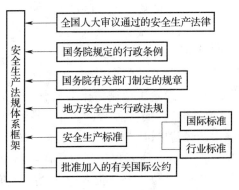

图1—1 安全生产法规体系总框架

第三节 安全生产及管理的法律法规

《中华人民共和国安全生产法》是调整生产经营活动中有关安全生产的各方面关系、行为的法律，是为了加强安全生产监督管理，防止和减少生产事故，保障人民群众生命和财产安全，促进经济发展而制定的，是安全生产工作领域中的一部综合性大法。

一、《中华人民共和国安全生产法》

《中华人民共和国安全生产法》（简称《安全生产法》）这部法律对安全生产工作的方针、生产经营单位的安全生产保障、从业人员的权利与义务、政府对安全生产的监督管理、生产安全事故应急救援与调查处理以及违法行为的法律责任等都作出了明确规定，是加强安全生产管理的重要法律依据。学习和贯彻《安全生产法》的有关规定，对于进一步搞好安全生产工作，具有十分重要的意义。《安全生产法》共 7 章 97 条。

1. 第一章"总则"共 15 条，是对这部法律若干重要原则问题的规定，对作为分则的其他各章的规定具有概括和指导的作用。分别对本法的立法目的、适用范围、安全生产管理的基本方针、生产经营单位确保安全生产的基本义务、生产经营单位主要负责人对本单位安全生产的责任、生产经营单位的从业人员在安全生产方面的权利和义务、工会在安全生产方面的基本职责、各级人民政府在安全生产方面的基本职责、安全生产监督管理体制、有关劳动安全卫生标准的制定和执行、为安全生产提供技术服务的中介机构、生产安全事故责任追究制度、国家鼓励和支持提高安全生产科学技术水平、对在安全生产方面作出显著成绩的单位和个人给予奖励等问题作了规定。

2. 第二章"生产经营单位的安全生产保障"共 28 条。本章程是《安全生产法》的核心内容，主要规定了对生产经营单位安全生产条件的基本要求，生产经营单位主要负责人的安全生产责任，对生产经营单位安全生产投入的要求，生产经营单位安全生产机构的设置及安全生产管理人员的配备，对生产经营单位主要负责人及安全生产管理人员任职的资格要求，生产经营单位对从业人员进行安全生产教育和培训的义务，对生产经营单位特种作业人员的特殊资质要求，生产经营单位建设工程项目的安全设施与主体工程的"三同时"要求，对危险性较大的行业的建设项目进行安全条件论证和安全评价的特殊要求，对建设项目安全设施设计、施工、竣工验收的要求，对生产经营单位设施、设备、生产经营场所、工艺的安全要求，对危险物品生产、经营、运输、储存、使用以及危险性作业的特殊要求，生产经营单位对从业人员负有的义务，对两个以上生产经营单位共同作业的安全生产管理的特别规定，对生产经营单位发包、出租的特别规定以及生产经营单位发生重大事故时对主要负责人的要求等。

3. 第三章"从业人员的权利和义务"共 9 条，主要规定了生产、经营单位从业人员在安全生产方面的权利和义务。包括了解其作业场所和工作岗位存在的危险因素、防范措施及事故应急措施的权利，对本单位的安全生产工作提出建议的权利，对本单位安全生产工作中存在的问题提出批评、检举、控告的权利，拒绝违章指挥和强令冒险作业的权利，发现直接危及人身安全的紧急情况时停止作业或者在采取适当的应急措施后撤离作业场所的权利，因生产事故受到损害时要求赔偿的权利，享受工伤社会保险的权利，在作业过程中严格遵守本单位的安全生产规章制度和操作规程、服从管理、正确佩戴和使用劳动防护用品的义务，接受安全生产教育和培训的义务，及时报告事故隐患或者其他不安全因素的义务。

此外，本章还对生产经营单位不得与从业人员订立"生死合同"，以及工会在安全生产管理中的权利与职责等作出了规定。

4. 第四章"安全生产的监督管理"共 15 条，从不同方面规定了安全生产的监督管理。从根本上说，生产经营单位是生产经营活动的主体，在安全生产工作中居于关键地位，生产经营单位的安全生产管理是做好安全生产工作的内因。但是，强化外部的监督管理同样不可缺少。由于安全生产关系到各类生产经营单位和社会的方方面面，涉及面极广，做好安全生产的监督管理工作，仅靠政府及其有关部门是不够的，必须走专门机关和群众相结合的道路，充分调动和发挥社会各界的积极性，齐抓共管，群防群治，才能建立起长期性的、有效的监督机制，从根本上保障生产经营单位的安全生产。因此，本章的"监督"是广义上的监督，既包括政府及其有关部门的监督，也包括社会力量的监督。具体有七个方面。

（1）县级以上地方人民政府的监督管理。

（2）负有安全生产监督管理职责的部门的监督。

（3）监察机关的监督。

（4）社会中介机构的监督。

（5）社会公众的监督。

（6）基层群众的监督。

（7）新闻媒体的监督。

5. 第五章"生产安全事故的应急救援与调查处理"共 9 条，主要规定了安全生产事故的应急救援以及安全生产事故的调查处理两方面的内容。安全生产事故应急救援方面的内容具体包括县级以上地方各级人民政府应当组织有关部门制定特大安全生产事故应急救援预案，建立应急救援体系；有关生产经营单位应当建立应急救援组织，指定应急救援人员，配备、维护应急救援器材、设备；发生生产安全事故时，生产经营单位负责人应当迅速采取有效措施，组织抢救，防止事故扩大，并按规定上报政府有关部门；有关地方人民政府及负有安全生产监督管理职责的部门负责人应当立即赶到重大事故现场，组织、指挥事故抢救。关于生产事故的调查处理，主要是在事故发生后，及时、准确地查清事故的原因，查明事故性质和责任，还有失职、渎职行为的行政部门的法律责任。对依法进行的事故调查处理，任何单位和个人不得阻挠和干涉。此外，本章还规定了负责安全生产监督管理的部门应当定期统计分析本行政区域内发生的生产安全事故，并定期向社会公布。

6. 第六章"法律责任"共19条，主要规定了负有安全生产监督管理职责的部门的工作人员，承担安全评价、认证、检验、检测的中介服务机构及工作人员，各级人员政府工作人员以及生产经营单位及其负责人和其他有关人员、从业人员违反本法所应承担的法律责任。

7. 第七章"附则"共2条，对本法用语"危险物品""重大危险源"作了解释，并规定了本法的实施时间。

二、《安全生产许可证条例》

为了严格规范安全生产条件，进一步加强安全生产监督管理，防止和减少生产安全事故，根据《中华人民共和国安全生产法》的有关规定，制定本条例。

《安全生产许可证条例》于2004年1月13日公布并实施。

1. 安全生产许可证的发放和管理

国家对矿山企业、建筑施工企业和危险化学品、烟花爆竹、民用爆破器材生产企业（以下统称企业）实行安全生产许可证制度。

企业未取得安全生产许可证的，不得从事生产活动。

本条例第三条规定：国务院安全生产监督管理部门负责中央管理

的非煤矿矿山企业和危险化学品、烟花爆竹生产企业安全生产许可证的颁发和管理。省、自治区、直辖市人民政府安全生产监督管理部门负责前款规定以外的非煤矿矿山企业和危险化学品、烟花爆竹生产企业安全生产许可证的颁发和管理，并接受国务院安全生产监督管理部门的指导和监督。国家煤矿安全监察机构负责中央管理的煤矿企业安全生产许可证的颁发和管理。在省、自治区、直辖市设立的煤矿安全监察机构负责前款规定以外的煤矿企业安全生产许可证的颁发和管理，并接受国家煤矿安全监察机构的指导和监督。

本条例第四、五条规定：国务院建设主管部门负责中央管理的建筑施工企业安全生产许可证的颁发和管理。省、自治区、直辖市人民政府建设主管部门负责前款规定以外的建筑施工企业安全生产许可证的颁发和管理，并接受国务院建设主管部门的指导和监督。国务院国防科技工业主管部门负责民用爆破器材生产企业安全生产许可证的颁发和管理。

2. 企业取得安全生产许可证应具备的条件

本条例第六条规定，企业取得安全生产许可证，应当具备下列安全生产条件。

（1）建立、健全安全生产责任制，制定完备的安全生产规章制度和操作规程。

（2）安全投入符合安全生产要求。

（3）设置安全生产管理机构，配备专职安全生产管理人员。

（4）主要负责人和安全生产管理人员经考核合格。

（5）特种作业人员经有关业务主管部门考核合格，取得特种作业操作资格证书。

（6）从业人员经安全生产教育和培训合格。

（7）依法参加工伤保险，为从业人员缴纳保险费。

（8）厂房、作业场所和安全设施、设备、工艺符合有关安全生产法律、法规、标准和规程的要求。

（9）有职业危害防治措施，并为从业人员配备符合国家标准或者行业标准的劳动防护用品。

（10）依法进行安全评价。

（11）有重大危险源检测、评估、监控措施和应急预案。

（12）有生产安全事故应急救援预案、应急救援组织或者应急救援人员，配备必要的应急救援器材、设备。

（13）法律、法规规定的其他条件。

3. 申请领取安全生产许可证的规定

企业进行生产前，应当依照本条例的规定向安全生产许可证颁发管理机关申请领取安全生产许可证，并提供本条例第六条规定的相关文件、资料。安全生产许可证颁发管理机关应当自收到申请之日起45日内审查完毕，经审查符合本条例规定的安全生产条件的，颁发安全生产许可证；不符合本条例规定的安全生产条件的，不予颁发安全生产许可证，书面通知企业并说明理由。

4. 安全生产许可证的有效期限

安全生产许可证由国务院安全生产监督管理部门规定统一的式样。

安全生产许可证的有效期为3年。有效期满需要延期的，企业应当于期满前3个月向原安全生产许可证颁发管理机关办理延期手续。

企业在安全生产许可证有效期内，严格遵守有关安全生产的法律法规，未发生死亡事故的，安全生产许可证有效期届满时，经原安全生产许可证颁发管理机关同意，不再审查，安全生产许可证有效期延期3年。

5. 违反《安全生产许可证条例》的处罚规定

（1）本条例第十九规定：违反本条例规定，未取得安全生产许可证擅自进行生产的，责令停止生产，没收违法所得，并处10万元以上50万元以下的罚款；造成重大事故或者其他严重后果，构成犯罪的，依法追究刑事责任。

（2）安全生产许可证有效期满未办理延期手续，继续进行生产的，责令停止生产，限期补办延期手续，没收违法所得，并处5万元以上10万元以下的罚款；逾期仍不办理延期手续，继续进行生产的，依照本条例第十九条的规定处罚。

（3）转让安全生产许可证的，没收违法所得，处10万元以上50万元以下的罚款，并吊销其安全生产许可证；构成犯罪的，依法追究刑事责任；接受转让的，依照本条例第十九条的规定处罚。

（4）冒用安全生产许可证或者使用伪造的安全生产许可证的，依照本条例第十九条的规定处罚。

（5）本条例施行前已经进行生产的企业，应当自本条例施行之日起1年内，依照本条例的规定向安全生产许可证颁发管理机关申请办理安全生产许可证；逾期不办理安全生产许可证，或者经审查不符合本条例规定的安全生产条件，未取得安全生产许可证，继续进行生产的，依照本条例第十九条的规定处罚。

（6）本条例规定的行政处罚，由安全生产许可证颁发管理机关决定。

第四节　从业人员安全生产的权利与义务

《中华人民共和国安全生产法》规定：生产经营单位的从业人员有依法获得安全生产保障的权利，并应当依法履行安全生产方面的义务。

一、从业人员的安全生产基本权利

各类生产经营单位的所有制形式、规模、行业、作业条件和管理方式多种多样。法律不可能也不需要对其从业人员所有的安全生产权利都作出具体规定，《安全生产法》主要规定了各类从业人员必须享有的、有关安全生产和人身安全的最重要、最基本的权利。这些基本安全生产权利，可以概括为以下五项。

1. 享受工伤保险和伤亡求偿权

从业人员在生产经营作业过程中依法享有获得工伤社会保险和民事赔偿的权利。法律赋予从业人员这项权利并保证其行使。《中华人民共和国合同法》虽有关于从业人员与生产经营单位订立劳动合同的规定，但没有载明关于保障从业人员劳动安全、享受工伤社会保险的事项，没有关于从业人员可依法获得民事赔偿的规定。一旦发生事故，不是生产经营单位拿不出钱来，就是开支没有合法依据，只好东挪西凑；或者是推托搪塞，拖欠补偿款项，迟迟不能善后；或者是企业经营亏损，无钱补偿；或者是企业负责人一走了之，逃之夭夭；或者是

"要钱没有，要命一条"，许多民营企业老板逃避法律责任，把"包袱"甩给政府，最终受害的是从业人员。

《中华人民共和国安全生产法》明确赋予了从业人员享有工伤保险和获得伤亡赔偿的权利，同时规定了生产经营单位的相关义务。《中华人民共和国安全生产法》第四十四条规定，"生产经营单位与从业人员订立的劳动合同，应当载明有关保障从业人员劳动安全、防止职业危害的事项，以及依法为从业人员办理工伤社会保险的事项。生产经营单位不得以任何形式与从业人员订立协议，免除或者减轻其对从业人员因生产安全事故伤亡依法应当承担的责任"。第四十八条规定，"因生产安全事故受到损害的人员，除依法享有获得工伤社会保险外，依照有关民事法律尚有获得赔偿的权利，有权向本单位提出赔偿要求"。第四十三条规定，"生产经营单位必须依法参加工伤社会保险，为从业人员缴纳保险费"。此外，法律还对生产经营单位与从业人员订立协议，免除或者减轻对从业人员因生产安全事故伤亡依法应承担的责任，规定该协议无效。

（1）从业人员依法享有工伤保险和伤亡求偿的权利。法律规定这项权利必须以劳动合同必要条款的书面形式加以确认。没有依法载明或者免除或者减轻生产经营单位对从业人员因生产安全事故伤亡依法应承担的责任的，是一种非法行为，应当承担相应法律责任。

（2）依法为从业人员缴纳工伤社会保险费和给予民事赔偿是生产经营单位的法律义务。生产经营单位不得以任何形式免除该项义务，不得变相以抵押金、担保金等名义强制从业人员缴纳工伤社会保险费。

（3）发生生产安全事故后，从业人员首先依照劳动合同和工伤社会保险合同的约定，享有相应的赔付金。如果工伤保险金不足以补偿受害者的人身损害及经济损失，依照有关民事法律应当给予赔偿的，从业人员或其亲属有要求生产经营单位给予赔偿的权利，生产经营单位必须履行相应的赔偿义务。否则，受害者或其亲属有向人民法院起诉和申请强制执行的权利。

（4）从业人员获得工伤社会保险赔付和民事赔偿的金额标准、领取和支付程序，必须符合法律、法规和国家的有关规定。从业人员和生产经营单位均不得自行确定标准，不得非法提高或者降低标准。

2. 危险因素和应急措施的知情权

生产经营单位特别是从事矿山、建筑、危险物品生产经营和地处公众聚集场所的单位，往往存在着一些对从业人员生命和健康带有危险、危害的因素，譬如接触粉尘、火险、瓦斯、高空坠落、有毒有害、放射性、腐蚀性、易燃易爆等场所、工种、岗位，都有发生人身伤亡事故的可能。直接接触这些危险因素的从业人员往往是生产安全事故的直接受害者。许多生产安全事故从业人员伤亡严重的教训之一，就是法律没有赋予从业人员面对危险因素以及发生事故时应当采取的应急措施。如果从业人员知道并且掌握有关安全知识和处理办法，就可以消除许多不安全因素和事故隐患，避免事故发生或者减少人身伤亡。所以，《中华人民共和国安全生产法》规定，生产经营单位从业人员有权了解其作业场所和工作场所及工作岗位存在的危险因素及事故应急措施。要保证从业人员这项权利的行使，生产经营单位就有义务事先告知有关危险因素和事故应急措施。否则，生产经营单位就侵犯了从业人员的权利，并对由此产生的后果承担相应的法律责任。

3. 安全管理的批评、控告权

从业人员是生产经营单位的主人，他们对安全生产情况，尤其是安全管理中的问题和事故隐患最了解、最熟悉，具有他人不能替代的作用。只有依靠他们并且赋予必要的安全生产监督权利和自我保护权，才能做到预防为主，防患于未然，才能保障他们的人身安全和健康。关注安全，就是关爱生命、关心企业。一些生产经营单位的主要负责人不重视安全生产，对安全问题熟视无睹，不听取从业人员的正确意见和建议，使本来可以发现并及时处理的事故隐患不断扩大，导致事故和人员伤亡；有的竟然对批评、检举、控告生产经营单位安全生产问题的从业人员进行打击报复。《中华人民共和国安全生产法》针对某些生产经营单位存在的不重视甚至剥夺从业人员安全管理监督权利的问题，规定从业人员有权对本单位的安全生产工作提出建议，有权对本单位安全生产工作存在的问题提出批评、检举、控告。

4. 拒绝违章指挥和强令冒险作业权

在生产经营活动中，经常出现企业负责人或者管理人员违章指挥和强令从业人员冒险作业的现象，由此导致事故，造成人员大量伤亡。因此，法律赋予从业人员拒绝违章指挥和强令冒险作业的权利，不仅是为了保护从业人员的人身安全，也是为了警示生产经营单位负责人和管理人员必须照章指挥，保证安全，并不得因从业人员拒绝违章指挥和强令冒险作业而对其进行打击报复。《中华人民共和国安全生产法》第四十六条规定，"生产经营单位不得因从业人员对本单位安全生产工作提出批评、检举、控告或者拒绝违章指挥和强令冒险作业而降低其工资、福利等待遇或者解除与其订立的劳动合同"。

5. 紧急情况下的停止作业和紧急撤离权

由于生产经营场所自然和人为的危险因素的存在，经常会在生产经营过程中发生一些意外的或人为的直接危及从业人员人身安全的危险情况，将会或者可能会对从业人员造成人身伤害。比如从事矿山、建筑、危险物品生产作业的从业人员，一旦发现将要发生透水、瓦斯爆炸、煤和瓦斯突出、冒顶、片帮坠落、倒塌、危险物品泄漏、燃烧、爆炸等紧急情况并且无法避免时，最大限度地保护现场作业人员的生命安全是第一位的，法律赋予他们享有停止作业和紧急撤离的权利。《中华人民共和国安全生产法》第四十七条规定，"从业人员发现直接危及人身安全的紧急情况时，有权停止作业或者在采取可能的应急措施后撤离作业现场。生产经营单位不得因从业人员在前款紧急情况下停止作业或者采取紧急撤离措施而降低其工资、福利等待遇或者解除与其订立的劳动合同"。从业人员在行使这项权利的时候，必须明确四点：

（1）危及从业人员人身安全的紧急情况必须有确实可靠的直接根据，凭借个人猜测而实际并不属于危及人身安全的紧急情况不能使用该项权利。另外，该项权利不能滥用。

（2）紧急情况必须直接危及人身安全，间接或者可能危及人身安全的情况不应撤离，而应采取有效处理措施。

（3）出现危及人身安全的紧急情况时，首先是停止作业，然后要采取可能的应急措施；采取应急措施无效时，再撤离作业场所。

（4）该项权利不适用于某些从事特殊职业的从业人员，比如飞行人员、船舶驾驶人员、车辆驾驶人员等，根据有关法律、国际公约和职业惯例，在发生危及人身安全的紧急情况下，他们不能撤离或者不能先行撤离从业场所或者岗位。

二、从业人员的安全生产义务

《中华人民共和国安全生产法》关于从业人员的安全生产义务主要有四项：

1. 遵章守纪，服从管理的义务

《中华人民共和国安全生产法》第四十九条规定，"从业人员在从业过程中，应当严格遵守本单位的安全生产规章制度和操作规程，服从管理……"根据《中华人民共和国安全生产法》和其他有关法律、法规和规章的规定，生产经营单位必须制定本单位安全生产的规章制度和操作规程。从业人员必须严格依照这些规章制度和操作规程进行生产经营作业。安全生产规章制度和操作规程是从业人员从事生产经营、确保安全的具体规范和依据。从这个意义上说，遵守规章制度和操作规程，实际上就是依法进行安全生产。事实表明，从业人员违反规章制度和操作规程，是导致生产安全事故的主要原因。违反规章制度和操作规程，必然发生生产安全事故。生产经营单位的负责人和管理人员有权依照规章制度和操作规程进行安全管理，监督检查从业人员遵章守纪的情况。对这些安全生产管理措施，从业人员必须接受并服从管理。依照法律规定，生产经营单位的从业人员不服从管理，违反安全生产规章制度和操作规程的，由生产经营单位给予批评教育，依照有关规章制度给予处分；造成重大事故，构成犯罪的，依照刑法有关规定追究刑事责任。

2. 佩戴和使用劳动保护用品的义务

按照法律、法规的规定，为保障人身安全，生产经营单位必须为从业人员提供必要的、安全的劳动防护用品，以避免或者减轻作业和事故中的人身伤害。但实践中由于一些从业人员缺乏安全知识，认为佩戴和使用劳动防护用品没有必要，往往不按规定或者不能正确佩戴和使用劳动防护用品，由此引发的人身伤害时有发生，造成不必要的伤亡。比如煤矿矿工下井作业时必须佩戴矿灯用于照明，从事高空作业的工人必须佩戴安全带以防坠落等。另外有的从业人员虽然佩戴和使用劳动防护用品，但由于不会或者没有正确使用而发生人身伤害的案例也很多。因此，这是保障从业人员人身安全和生产经营单位安全生产的需要。从业人员不履行该项义务而造成人身伤害的，生产经营单位不承担法律责任。

3. 接受培训、提高安全素质的义务

不同行业、不同生产经营单位、不同工作岗位和不同的生产经营设施、设备具有不同的安全技术特性和要求。随着生产经营领域的不断扩大和高新安全技术装备的大量使用，生产经营单位对从业人员的安全素质要求越来越高。从业人员的安全生产意识和安全技能的高低，直接关系到生产经营活动的安全可靠性。特别是从事矿山、建筑、危险物品生产作业和使用高科技安全技术装备的从业人员，更需要有系统的安全知识、熟练的安全生产技能以及对不安全因素和事故隐患、突发事故的预防、处理的经验。要适应生产经营活动对安全生产技术知识和能力的需要，必须对新招聘、转岗的从业人员进行专门的安全生产教育和业务培训。许多国有和大型企业一般比较重视安全培训工作，从业人员的安全素质比较高。但是许多非国有和中小企业不重视或者不搞安全培训，有的没有经过专门的安全生产培训，或者简单应付了事，其中部分从业人员不具备应有的安全素质，因此违章违规操作，酿成事故的比比皆是。所以，为了明确从业人员接受培训、提高安全素质的法定义务，《中华人民共和国安全生产法》第五十条规定，"从业人员应当接受安全生产教育和培训，掌握本职工作所需的安全生产的知识，提高安全生产技能，增强事故预防和应急处理能力"。这对提高生产经营单位从业人员的安全意识、安全技能，预防、减少事故和人员伤亡，具有积极意义。

4. 发现事故隐患及时报告的义务

从业人员直接进行生产经营作业，他们是事故隐患和不安全因素的第一当事人。许多生产安全事故由于从业人员在作业现场发现事故隐患和不安全因素后，没有及时报告，延误了采取措施进行紧急处理的时机，变成重大、特大事故。如果从业人员尽职尽责，及时发现并报告事故隐患和不安全因素，许多事故能够得到及时报告并得到有效

处理,完全可以避免事故发生和降低事故损失。所以,发现事故隐患并及时报告是贯彻预防为主的方针,加强事前防范的重要措施。为此,《中华人民共和国安全生产法》第五十一条规定,"从业人员发现事故隐患或者其他不安全因素,应当立即向现场安全生产管理人员或者本单位负责人报告,接到报告的人员应当及时予以处理"。这就要求从业人员必须具有高度的责任心,防微杜渐,防患于未然,及时发现事故隐患和不安全因素,预防事故发生。

第二章　压焊基础知识

第一节　金属学及热处理基本知识

一、金属学的基本知识

金属学不仅研究金属及合金的成分、组织和性能，以及它们三者之间的关系，同时还研究金属及合金的组织和性能与外界条件（如温度、加热及冷却速度等）之间的关系。

1. 金属结构

在物质内部，凡是原子呈有序、有规则排列的称为晶体。大多数金属和合金都属于晶体。

晶体内部原子是按一定的几何规律排列的，如图 2—1 所示。为了形象地表示晶体中原子排列的规律，可以将原子简化成一个点，用假想的线将这些点连接起来，就构成了有明显规律性的空间格子。这种表示原子在晶体中排列规律的空间格架叫晶格，如图 2—2a 所示。由图可见，晶格是由许多形状、大小相同的最小几何单元重复堆积而成的。能够完整地反映晶格特征的最小几何单元称为晶胞，如图 2—2b 所示。

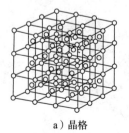

a）晶格　　　　b）晶胞

图 2—1　晶体内部原子排列　　　图 2—2　晶格和晶胞

金属的晶格类型很多，但绝大多数（占85%）金属属于下面三种晶格之一。

（1）体心立方晶格。它的晶胞是一个立方体，原子位于立方体的八个顶角上和立方体的中心，如图2—3所示。属于这种晶格类型的金属有铬、钒、钨、钼、α - Fe、δ - Fe等。

图2—3　体心立方晶格

（2）面心立方晶格。它的晶胞也是一个立方体，原子位于立方体八个顶角上和立方体六个面的中心，如图2—4所示。属于这种晶格类型的金属有铝、铜、铅、镍、γ - Fe等。

（3）密排六方晶格。它的晶胞是个正六方柱体，原子排列在柱体的每个顶角上和上、下底面的中心，另外三个原子排列在柱体内，如图2—5所示。属于这种晶格类型的金属有镁、铍、镉及锌等。

图2—4　面心立方晶格　　　　图2—5　密排六方晶格

2.　金属的结晶及晶粒度对力学性能的影响

金属由液态转变为固态的过程叫结晶。这一过程是原子由不规则排列的液体逐步过渡到原子规则排列的晶体的过程。金属的结晶过程由晶核产生和长大这两个基本过程组成。

在金属的结晶过程中，每个晶核起初都自由地生长，并保持比较规则的外形。但当长大到互相接触时，接触处的生长就停止，只能向尚未凝固的液体部分伸展，直到液体全部凝固。这样，每一颗晶核就形成一颗外形不规则的晶体。这些外形不规则的晶体通常称为晶粒。晶粒的大小对金属的力学性能影响很大。晶粒越细，金属的力学性能越高。相反，若晶粒粗大，力学性能就差。

3.　同素异构转变

（1）金属的同素异构转变。有些金属在固态下，存在着两种以上的晶格形式。这类金属在冷却或加热过程中，随着温度的变化，其晶格形式也要发生变化。金属在固态下随温度改变，由一种晶格转变为另一种晶格的现象，称为同素异构转变。具有同素异构转变的金属有铁、钴、钛、锡、锰等。以不同的晶格形式存在的同一金属元素的晶体称为该金属的同素异构晶体。

（2）纯铁的同素异构转变。液态纯铁在 1 538℃进行结晶，得到具有体心立方晶格的 δ‒Fe，继续冷却到 1 394℃时发生同素异构转变，δ‒Fe 转变为面心立方晶格的 γ‒Fe，再冷却到 912℃时又发生同素异构转变，γ‒Fe 转变为体心立方晶格的 α‒Fe，直到室温，晶格的类型不再发生变化。

$$\underset{\text{（体心立方晶格）}}{\delta-\text{Fe}} \xmapsto[\quad]{1\,394℃} \underset{\text{（画心立方晶格）}}{\gamma-\text{Fe}} \xmapsto[\quad]{912℃} \underset{\text{（体心立方晶格）}}{\alpha-\text{Fe}}$$

金属的同素异构转变是一个重结晶过程，遵循着结晶的一般规律：有一定的转变温度；转变时需要过冷；有潜热产生；转变过程也是由晶核形成和晶核长大来完成的。但同素异构转变属于固态转变，又有本身的特点，例如转变需要较大的过冷度，晶格的变化伴随着体积的变化，转变时会产生较大的内应力。

4. 合金的组织结构类型

合金是一种金属与其他金属或非金属，通过熔炼或其他方法结合成的具有金属特性的物质。组成合金的最基本的独立物质称为组元。与组成合金的纯金属相比，合金除具有更好的力学性能外，还可以调整组成元素之间的比例，以获得一系列性能各不相同的合金，而满足生产的要求。

组成合金最基本的独立物质称为组元，简称元。组元可以是金属、非金属或稳定的化合物。根据合金中组元数目的多少，合金可分为二元合金、三元合金和多元合金。

在合金中具有相同的物理和化学性能并与其他部分以界面分开的一种物质部分称为相。液态相称为液相，固态物质称为固相。在固态下，物质可以是单相的，也可以是多相组成的。由数量、形态、大小和分布方式不同的各种相组成了合金的组织。

（1）固溶体。固溶体是合金中一组元溶解他组元，或组元之间相互溶解而形成的一种均匀固相。在固溶体中保持原子晶格不变的组元叫溶剂，而分布在溶剂中的另一组元叫溶质。根据溶质原子在溶剂晶格中所处位置不同，可分为：

1）间隙固溶体。溶质原子分布于溶剂晶格间隙之中而形成的固溶体（见图 2—6a）。由于溶剂晶格的空隙尺寸有限，故能够形成间隙固溶体的溶质原子，其尺寸都比较小。通常原子直径的比值（$D_质/D_剂$）小于 0.59 时，才有可能形成间隙固溶体。间隙固溶体一般都是有限固溶体。

2）置换固溶体。溶质原子置换了溶剂晶格中某些结点位置上的溶剂原子而形成的固溶体，称为置换固溶体（见图 2—6b）。形成这类固溶体的溶质原子的大小必须与溶剂原子相近。置换固溶体可以是无限固溶体，也可以是有限固溶体。

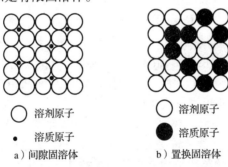

○ 溶剂原子

● 溶质原子

a）间隙固溶体

○ 溶剂原子

● 溶质原子

b）置换固溶体

图 2—6　固溶体

在固溶体中溶质原子的溶入而使溶剂晶格发生畸变，这种现象称为固溶强化。它是提高金属材料力学性能的重要途径之一。

（2）金属化合物。合金组元间发生相互作用而形成一种具有金属特性的物质称为金属化合物。金属化合物的晶格类型和性能完全不同于任一组元。可用化学分子式来表示。一般特点是熔点高、硬度高、脆性大，因此不宜直接使用。金属化合物存在于合金中一般起强化相作用。

（3）混合物。两种或两种以上的相按一定质量百分数组成的物质称为混合物。混合物中各组成部分，仍保持自己原来的晶格。混合物的性能取决于各组成相的性能，以及它们分布的形态、数量和大小。

二、钢的常见显微结构和铁－碳合金平衡状态图

钢和铸铁都是铁碳合金，其中含碳量小于 2.11% 的铁碳合金称为钢；含碳量 2.11% ~ 6.67% 的铁碳合金称为铸铁。工业上用的钢，含碳量很少超过 1.4%，而其中用于制造焊接结构的钢，含碳量需要更低些。因为随着含碳量提高，钢的塑性和韧性变差，致使钢的加工性能降低。特别是焊接性能，随着结构钢含碳量的提高而变得较差。

1. 钢的常见显微结构

不同含碳量的钢具有不同的力学性能，这主要是由于含碳量不同则钢的微观组织亦不同的缘故。钢的微观组织主要有铁素体、渗碳体、奥氏体、珠光体、马氏体、莱氏体和魏氏组织等。

（1）铁素体。碳溶解在 α － Fe 中形成的间隙固溶体称为铁素体，用符号 F 来表示。由于 α － Fe 是体心立方晶格，晶格间隙较小，所以碳在 α － Fe 中溶解度较低，在 727℃ 时，α － Fe 中最大溶碳量仅为 0.021 8%，并随温度降低而减少；室温时，碳的溶解度降到 0.008%。由于铁素体的含碳量低，所以铁素体的性能与纯铁相似，即具有良好的塑性和韧性，强度和硬度也较低。

（2）渗碳体。渗碳体是含碳量为 6.69% 的铁与碳的金属化合物。其分子式为 Fe_3C，常用符号 C_m 表示。渗碳体具有复杂的斜方晶体结构，它与铁和碳的晶体结构完全不同。按计算，其熔点为 1 227℃，不会发生同素异构转变。渗碳体的硬度很高，塑性很差。是一个硬而脆的组织。在钢中，渗碳体以不同形态和大小的晶体出现于组织中，对钢的力学性能影响很大。

（3）奥氏体。碳溶解在 γ － Fe 中所形成的间隙固溶称为奥氏体，用符号 A 来表示。由于 γ － Fe 是面心立方晶格，晶格的间隙较大，故奥氏体的溶碳能力较强。在 1 148℃ 溶碳量可达 2.11%，随着温度下降，溶解度逐渐减少，在 727℃ 时，溶碳量为 0.77%。

奥氏体的强度和硬度不高，但具有良好的塑性，是满足绝大多数钢在高温进行锻造和轧制时需求的组织。

（4）珠光体。珠光体是铁素体和渗碳体的混合物，用符号 P 表

示。它是渗碳体和铁素体片层相间、交替排列而成的混合物。在缓慢冷却条件下，珠光体的含碳量为 0.77%。由于珠光体是由硬的渗碳体和软的铁素体组成的混合物，所以，其力学性能取决于铁素体和渗碳体的性质和它们各自的特点，大体上是两者的平均值。故珠光体的强度较高，硬度适中，具有一定的塑性。

（5）马氏体。马氏体是碳在 $\alpha - Fe$ 中的过饱和固溶体，一般可分为低碳马氏体和高碳马氏体。马氏体的体积比相同重量的奥氏体的体积大，因此，由奥氏体转变为马氏体时体积要膨胀，局部体积膨胀后引起的内应力往往导致零件变形、开裂。高碳淬火马氏体具有很高的硬度和强度，但是脆性大，延展性很低，几乎不能承受冲击载荷。低碳回火马氏体则具有相当高的强度和良好的塑性与韧性相结合的特点。

（6）莱氏体。莱氏体是含碳量为 4.3% 的合金，是在 1 148℃ 时从液相中同时结晶出来奥氏体和渗碳体的混合物。用符号 L_d 表示。由于奥氏体在 727℃ 时还将转变为珠光体，所以在室温下的莱氏体由珠光体和渗碳体组成，这种混合物仍叫莱氏体，用符号 L_d' 来表示。

莱氏体的力学性能和渗碳体相似，硬度高，塑性很差。

（7）魏氏组织。魏氏组织是一种过热组织，是由彼此交叉约 60° 的铁素体针嵌入基体的显微组织。碳钢过热，晶粒长大后，高温下晶粒粗大的奥氏体以一定速度冷却时，很容易形成魏氏组织。粗大的魏氏组织使钢材的塑性和韧性下降，使钢变脆。

2. 铁–碳合金平衡状态图

以上各种组织结构并不同时出现在组织结构中。它们各自出现的条件除取决于钢中的含碳量外，还取决于钢本身所处的温度范围。为了全面了解不同含碳量的钢在不同温度下所处的状态及所具有的组织结构，现用铁–碳合金平衡状态图来表示这种关系。

铁–碳合金平衡状态图是表示在平衡状态下，不同成分的铁碳合金在不同温度下所得到的晶体结构和显微组织的图形，因此又称为铁碳平衡图，如图2—7所示。

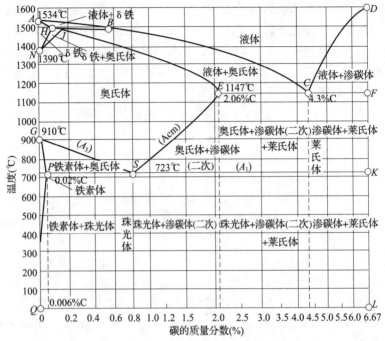

图 2—7　Fe－C 平衡状态图

　　图中纵坐标表示温度，横坐标表示铁碳合金中碳的质量分数。例如，在横坐标左端，含碳量为零，即为纯铁；在右端，含碳量为 6.67%，全部为渗碳体（Fe_3C）。

　　图中 ACD 线为液相线，在 ACD 线以上的合金呈液态。这条线说明纯铁在 1 534℃凝固，随含量碳的增加，合金凝固点降低。C 点合金的凝固点最低，为 1 147℃。当含碳量大于 4.3% 以后，随含碳量的增加，凝固点增高。

　　AHJEF 线为固相线。在 AHJEF 线以下的合金呈固态。在液相线和固相线之间的区域为两相（液相和固相）共存。

　　GS 线又称 A_3 线，表示含碳量低于 0.8% 的钢在缓慢冷却时从奥氏体中开始析出铁素体。

　　ECF 水平线，1 147℃，为共晶反应线。液体合金缓慢冷却至该温度时，发生共晶反应，生成莱氏体组织。

　　PSK 水平线，723℃，为共析反应线，又称 A_1 线，表示铁碳合金在缓慢冷却时，奥氏体转变为珠光体。

ES 线为 A_{cm} 线。是从奥氏体中析出渗碳体的开始线。

E 点是碳在奥氏体中最大溶解度点，也是区分钢与铸铁的分界点，其温度为 1 147℃，含碳量为 2.11%。

S 点为共析点，温度为 723℃，含碳量为 0.8%。S 点成分的钢是共析钢，其室温组织全部为珠光体。S 点左边的钢为亚共析钢，室温组织为铁素体 + 珠光体；S 点右边的钢为过共析钢，其室温组织为渗碳体 + 珠光体。

C 点为共晶点，温度为 1 147℃，含碳量为 4.3%。C 点成分的合金为共晶铸铁，组织为莱氏体。含碳量为 2.11% ~ 4.3% 的合金为亚共晶铸铁，组织为莱氏体 + 珠光体 + 渗碳体；含碳量为 4.3% ~ 6.67% 的合金为过共晶铸铁，组织为莱氏体 + 渗碳体。

莱氏体组织在常温下是珠光体 + 渗碳体的机械混合物，硬而脆。

铁 – 碳合金平衡状态图对钢的热处理，包括焊件的焊后热处理、焊接工艺选择等，有重要的指导意义。

三、钢的热处理基础知识

钢在固态下加热到一定温度，在这个温度下保持一定时间，然后以一定冷却速度冷却到室温，以获得所希望的组织结构和工艺性能，这种加工方法称为热处理。热处理在机械制造业中占有十分重要的地位。

热处理之所以能使钢的性能发生变化，其根本原因是由于铁有同素异构转变，从而使钢在加热和冷却过程中，其内部发生了组织与结构变化。

根据加热、冷却方法的不同热处理可分为退火、正火、淬火、回火等。

1. 退火

（1）定义。将钢加热到适当温度并保持一定时间，然后缓慢冷却（一般随炉冷却）的热处理工艺称为退火。

（2）目的。降低钢的硬度，提高塑性，以利于切削加工及冷变形加工；细化晶粒，均匀钢的组织及成分，改善钢的性能或为以后的热处理做准备；消除钢中的残余内应力，以防止变形和开裂。

将钢加热到略低于 A_1 的温度（一般取 600 ~ 650℃），经保温缓慢冷却即可。在去应力退火中，钢的组织不发生变化，只是消除内应力。

2. 正火

（1）定义。将钢材或钢件加热到 Ac_3 或 Ac_{cm} 以上 $30 \sim 50℃$，保温适当的时间后，在静止的空气中冷却的热处理工艺称为正火。

（2）目的。正火与退火两者的目的基本相同，但正火的冷却速度比退火稍快，故正火钢的组织较细，它的强度、硬度比退火钢高。

正火主要用于普通结构零件，当力学性能要求不太高时可作为最终热处理。

3. 淬火

（1）定义。将钢件加热到 Ac_3 或 Ac_1 以上某一温度，保持一定时间，然后以适当速度（达到或大于临界冷却速度）冷却，以获得马氏体组织的热处理工艺称为淬火。

（2）目的。把奥氏体化的钢件淬火成马氏体，从而提高钢的硬度、强度和增强耐磨性，更好地发挥钢材的性能潜力。但淬火马氏体不是热处理所要求的最终组织。因此在淬火后，必须配以适当的回火。淬火马氏体在不同的回火温度下，可以获得不同的力学性能，以满足各类工具或零件的使用要求。

4. 回火

（1）定义。钢件淬火后，再加热到 Ac_1，点以下的某一温度，保温一定时间，然后冷却到室温的热处理工艺称为回火。

淬火处理所获得的淬火马氏体组织很硬、很脆，并存在大量的内应力，而容易突然开裂。因此，淬火后必须经回火热处理才能使用。

（2）目的。减少或消除焊件淬火时产生的内应力，防止焊件在使用过程中的变形和开裂；通过回火提高钢的韧性，适当调整钢的强度和硬度，使焊件达到所要求的力学性能，以满足各种焊件的需要；稳定组织，使焊件在使用过程中不发生组织转变，从而保证焊件的形状和尺寸不变，保证焊件的精度。

第二节　常用金属材料的一般知识

在机械制造中，大量的零件是用金属材料制造的。由于各种零件的工作条件不同，这就要求合理地选择使用材料，了解各种材料的性能，达到既节约金属又保证产品质量的目的。

一、常用金属材料的物理性能

1. 密度

某种物质单位体积的质量称为该物质的密度。金属的密度即是单位体积金属的质量。表达式如下：

$$\rho = m/V$$

式中　ρ——物质的密度，kg/m^3；

m——物质的质量，kg；

V——物质的体积，m^3。

密度是金属材料的特性之一。金属材料的密度直接关系到由它所制成设备的自重和效能。一般密度小于 $5 \times 10^3\ kg/m^3$ 的金属称为轻金属，密度大于 $5 \times 10^3\ kg/m^3$ 的金属称为重金属。常见金属的密度见表 2—1。

表 2—1　　　　常见金属的物理性能

金属名称	符号	密度 ρ (20℃) (kg/m^3)	熔点 (℃)	热导率 λ [$W/(m \cdot K)$]	线膨胀系数 α_t (0~100℃) ($\times 10^{-6}/℃$)	电阻率 ρ (0℃) ($\times 10^{-6}\Omega \cdot cm$)
银	Ag	10.49×10^3	960.8	418.6	19.7	1.5
铜	Cu	8.96×10^3	1 083	393.5	17	1.67~1.68 (20℃)
铝	Al	2.7×10^3	660	221.9	23.6	2.655
镁	Mg	1.74×10^3	650	153.7	24.3	4.47
钨	W	19.3×10^3	3 380	166.2	4.6 (20℃)	5.1
镍	Ni	4.5×10^3	1 453	92.1	13.4	6.84

金属名称	符号	密度 ρ (20℃) (kg/m^3)	熔点 (℃)	热导率 λ [W/ (m·K)]	线膨胀系数 α_t (0~100℃) (×10^{-6}/℃)	电阻率 ρ (0℃) (×10$^{-6}\Omega$·cm)
铁	Fe	7.87×10^3	1 538	75.4	11.76	9.7
锡	Sn	7.3×10^3	231.9	62.8	2.3	11.5
铬	Cr	7.9×10^3	1 903	67	6.2	12.9
钛	Ti	4.508×10^3	1 677	15.1	8.2	42.1~47.8
锰	Mn	7.43×10^3	1 244	4.98 (−192℃)	37	185 (20℃)

2. 熔点

纯金属和合金从固态向液态转变时的温度称为熔点。纯金属都有固定的熔点，见表2—1。合金的熔点取决于它的成分，例如钢和生铁虽然都是铁和碳的合金，但由于含碳量不同，熔点也不同。熔点对于金属和合金的冶炼和焊接都是重要的工艺参数。

熔点越高的金属材料焊接性越差，因焊接时电极与材料接面的温度较高，使电极头部受热变形并加速磨损。

3. 导热性

金属材料传导热量的性能称为导热性。导热性的大小通常用热导率来衡量。热导率符号是 λ，热导率越大，金属的导热性越好。银的导热性最好，铜、铝次之。常见金属导热性见表2—1。合金的导热性比纯金属差。

导热性是金属材料的重要性能之一，在制定焊接和热处理工艺时，必须考虑材料的导热性，防止金属材料在加热或冷却过程中形成过大的内应力，以免金属材料变形或破坏。

4. 热膨胀性

金属材料随着温度变化而膨胀、收缩的特性称为热膨胀性。一般来说金属受热时膨胀而体积增大，冷却时收缩而体积缩小。

热膨胀的大小用线膨胀系数 α_t 和体膨胀系数 α_v 表示。计算公式如下：

$$\alpha_t = (l_2 - l_1) / \Delta t \, l_2$$

式中　α_t——线膨胀系数，1/K 或 1/℃；

l_1——膨胀前长度，m；

l_2——膨胀后长度，m；

Δt——温度变化量 $\Delta t = t_2 - t_1$，K 或℃。

体膨胀系数近似为线膨胀系数的 3 倍。常用金属的线膨胀系数见表 2—1。

在实际工作中考虑线膨胀系数的地方很多，例如异种金属焊接时要考虑它们的线膨胀系数是否接近，否则会因线膨胀系数不同，使金属构件变形，甚至损坏。

材料的线膨胀系数越大，焊接区的金属在加热和冷却过程中体积变化就越大。若焊接时，加压机构不能实时地适应金属体积的变化，则在加热熔化阶段可能因金属膨胀受阻而使熔核上的电极力增大，甚至挤破塑性环而产生飞溅；在冷却结晶阶段，熔核体积收缩时，由于加压机构的摩擦力抵消一部分电极力，使电极力减小，结果使熔核内部产生裂纹、缩孔等缺陷。此外，结构焊后翘曲变形也加大。

5. 导电性

金属材料传导电流的性能称为导电性。衡量金属材料导电性的指标是电阻率 ρ，电阻率越小，金属导电性越好。金属导电性以银为最好，铜、铝次之。常见金属的电阻率见表 2—1。合金的导电性比纯金属差。

有这样的基本规律，即导电性好的材料其导热性也好。材料的导电性、导热性越好，在焊接区产生的热量越小，散失的热量也越多，焊接区的加热就越困难。点焊时，就要求有大容量的电源，采用大电流、短时间的强条件施焊，并使用导电性好的电极材料。

6. 磁性

金属材料在磁场中受到磁化的性能称为磁性。根据金属材料在磁场中受到磁化程度的不同，可分为铁磁材料（如铁、钴等）、顺磁材料（如锰、铬等）、抗磁性材料（如铜、锌等）三类。铁磁材料在外磁场中能强烈地被磁化；顺磁材料在外磁场中只能微弱地被磁化；抗磁材料能抗拒或削弱外磁场对材料本身的磁化作用。工程上使用的强磁性材料是铁磁材料。

磁性与材料的成分和温度有关，不是固定不变的。当温度升高时，有的铁磁材料会消失磁性。

二、常用金属材料的力学性能

所谓力学性能是指金属在外力作用时表现出来的性能，包括强度、塑性、硬度、韧性及疲劳强度等。

表示金属材料各项力学性能的具体数据是通过在专门试验机上试验和测定而获得的。

1. 强度

强度是指材料在外力作用下抵抗塑性变形和破裂的能力。抵抗能力越大，金属材料的强度越高。强度的大小通常用应力来表示，根据载荷性质的不同，强度可分为抗拉强度、抗压强度、抗剪强度、抗扭强度和抗弯强度。在机械制造中常用抗拉强度作为金属材料性能的主要指标。

（1）屈服强度。材料在拉伸过程中，当载荷不再增加甚至有所下降时，仍继续发生明显的塑性变形现象，称为屈服现象。材料产生屈服现象时的应力，称为屈服强度。用符号 σ_s 表示。

其计算方法如下：

$$\sigma_s = F_s/S_0$$

式中　F_s——材料屈服时的载荷，N；

　　　S_0——试样的原始截面积，mm^2。

有些金属材料（如高碳钢、铸钢等）没有明显的屈服现象，测定 σ_s 很困难。在此情况下，规定以试样长度方向产生 0.2% 塑性变形时的应力作为材料的"条件屈服强度"，或称屈服极限。用 $\sigma_{0.2}$ 表示。

屈服强度标志着金属材料对微量变形的抗力。材料的屈服强度越高，表示材料抵抗微量塑性变形的能力越大，允许的工作应力也越高。因此，材料的屈服强度是机械设计计算时的主要依据之一，是评定金属材料质量的重要指标。

（2）抗拉强度。在拉伸时，材料在拉断前所承受的最大应力，称为抗拉强度。用符号 σ_b 表示。其计算方法如下：

$$\sigma_b = F_b / S_o$$

式中　F_b——试样破坏前所承受的最大拉力，N；

　　　S_o——试样原始横截面积，mm^2。

抗拉强度是材料在破坏前所能承受的最大应力。σ_b 的值越大，表示材料抵抗拉断的能力越大。它也是衡量金属材料强度的重要指标之一。其实用意义是：金属结构件所承受的工作应力不能超过材料的抗拉强度，否则会产生断裂，甚至造成严重事故。

2. 塑性

断裂前金属材料产生永久变形的能力称塑性。一般用拉伸试样的延伸率和断面收缩率来衡量。

（1）延伸率。试样拉断后的标距长度伸长量与试样原始标距长度的比值的百分率，称为延伸率，用符号 δ 来表示。其计算方法如下：

$$\delta = (L_1 - L_0) / L_0 \times 100\%$$

式中　L_1——试样拉断后的标距长度，mm；

　　　L_0——试样原始标距长度，mm。

（2）断面收缩率。试样拉断后截面积的减小量与原截面积之比值的百分率，用符号 ψ 表示。其计算方法如下：

$$\psi = (S_0 - S_1) / S_0 \times 100\%$$

式中　S_0——试样原始截面积，mm^2；

　　　S_1——试样拉断后断口处的截面积，mm^2。

δ 和 ψ 的值越大，表示金属材料的塑性越好。这样的金属可以发生大量塑性变形而不破坏。

材料的塑性温度范围的宽窄对焊接性会产生影响，例如铝合金塑性温度范围较窄，对焊接工艺参数的波动非常敏感，它要求使用能精确控制工艺参数的焊机。而低碳钢则因其塑性温度区间宽，其焊接性很好。而极易氧化的金属，其焊接性一般都较差，因为这些金属表面形成的氧化物熔点和电阻一般都较高，给焊接带来困难。

（3）冷弯试验。在船舶、锅炉、压力容器等工业部门，由于有大量的弯曲和冲压等冷变形加工，因此常用冷弯试验来衡量材料在室温时的塑性。将试样在室温下按规定的弯曲半径进行弯曲，在发生断裂前的角度，叫作冷弯角度，用 α 表示，其单位为（°）。

冷弯角度越大，钢材的塑性越好。冷弯试验在检验钢材和焊接接头性能、质量方面有重要意义。它不仅能考核钢材和焊接接头的塑性，还可以发现受拉面材料中的缺陷以及焊缝、热影响区和母材三者的变形是否均匀一致。钢材和焊接接头的冷弯试验，根据其受拉面所处位置不同，有面弯、背弯和侧弯试验。

3. 硬度

材料抵抗局部变形，特别是塑性变形、压痕或划痕的能力称为硬度。硬度是衡量钢材软硬的一个指标，根据测量方法不同，其指标可分为布氏硬度（HBS）、洛氏硬度（HR）、维氏硬度（HV）。依据硬度值可近似地确定抗拉强度值。

4. 冲击韧性

金属材料抵抗冲击载荷不致被破坏的性能，称为韧性。它的衡量指标是冲击韧性值。冲击韧性值是指试样冲断后缺口处单位面积所消耗的功，用符号 a_k 表示。a_k 值越大，材料的韧性越好；反之，脆性越大。材料的冲击韧性值与温度有关，温度越低，冲击韧性值越小。

5. 疲劳强度

金属材料在无数次重复交变载荷作用下，而不致破坏的最大应力，称为疲劳强度。实际上并不可能做无数次交变载荷试验，所以一般试验时规定，钢在经受 $10^6 \sim 10^7$ 次、有色金属经受 $10^7 \sim 10^8$ 次交变载荷作用时不产生破裂的最大应力，称为疲劳强度，符号是 σ_{-1}。

6. 蠕变

在长期固定载荷作用下，即使载荷小于屈服强度，金属材料也会逐渐产生塑性变形的现象称蠕变。蠕变极限值越大，材料越可靠。温度越高或蠕变速度越大，蠕变极限就越小。

三、碳素结构钢分类、牌号和用途

碳素结构钢简称碳钢，是指含碳量小于 2.11% 的铁碳合金。碳钢中除含有铁、碳元素外，还有少量硅、锰、硫、磷等杂质。碳素钢比合金钢价格低廉，产量大，具有必要的力学性能和优良的金属加工性能等，在机械工业中应用很广。

1. 碳素结构钢分类

常用的分类方法有以下几种：

（1）按钢的含碳量分类

1）低碳钢。含碳量≤0.25%。

2）中碳钢。含碳量0.25%～0.60%。

3）高碳钢。含碳量≥0.60%。

（2）按钢的质量分类。根据钢中有害杂质硫、磷含量的多少可分为：

1）普通钢。S≤0.05%，P≤0.045%。

2）优质钢。S≤0.035%，P≤0.035%。

3）高级优质钢。S≤0.025%，P≤0.025%。

（3）按钢的用途分类

1）结构钢。主要用于制造各种机械零件和工程结构件，其含碳量一般都小于0.70%。

2）工具钢。主要用于制造各种刀具、模具和量具，其含碳量一般都大于0.70%。

碳素结构钢的杂质和非金属夹杂物较多，但冶炼容易，工艺性好，价格便宜，产量大，在性能上能满足一般工程结构及普通零件的要求，因而应用普遍。碳素结构钢通常轧制成钢板和各种型材（圆钢、方钢、扁钢、角钢、槽钢、工字钢、钢筋等），用于厂房、桥梁、船舶等建筑结构或一些受力不大的机械零件（如铆钉、螺钉、螺母等）。

2. 碳素结构钢的牌号和用途

碳素结构钢的牌号由代表屈服强度的汉语拼音字母"Q"、屈服强度数值、质量等级符号和脱氧方法符号四个部分按顺序组成。质量等级符号用字母A、B、C、D表示，其中A级的硫、磷含量最高，D级的硫、磷含量最低。脱氧方法符号用F、b、Z、TZ表示，F是沸腾钢，b是半镇静钢，Z是镇静钢，TZ是特殊镇静钢。Z与TZ符号在钢号组成表示方法中予以省略。例如 Q235 - A. F, 为屈服强度为 235 MPa 的 A 级沸腾钢。

优质碳素结构钢一般用来制造重要的机械零件，使用前一般都要经过热处理来改善力学性能。

优质碳素结构钢的牌号用两位数字表示，这两位数字表示该钢平均含碳量的万分之几，例如 45 表示平均含碳为 0.45% 的优质碳素结构钢。

优质碳素结构钢根据钢中含锰量不同，分为普通含锰量钢（Mn < 0.80%）和较高含锰量钢（Mn = 0.70% ~ 1.20%）两组。较高含锰量钢在牌号后面标出元素符号"Mn"或汉字"锰"。若为沸腾钢或为了适应各种专门用途的某些专用钢，则在牌号后面标出规定的符号。

08 ~ 25 钢含碳量低，属低碳钢。这类钢的强度、硬度较低，塑性、韧性及焊接性良好，主要用于制作冲压件、焊接结构件及强度要求不高的机械零件及渗碳件。

30 ~ 55 钢属于中碳钢。这类钢具有较高的强度和硬度，其塑性和韧性随含碳量的增加而逐步降低，切削性能良好。这类钢经调质后，能获得较好的综合性能。主要用来制造受力较大的机械零件。

牌号 60 以上的钢属高碳钢。这类钢具有较高的强度、硬度和弹性，但焊接性不好，切削性稍差，冷变形塑性低。主要用来制造具有较高强度、耐磨性和弹性的零件。

含锰量较高的优质碳素结构钢，其用途和上述相同牌号的钢基本相同，但淬透性稍好，可制作截面稍大或力学性能要求稍高的零件。

四、合金钢的分类、用途和牌号

合金钢是在碳钢的基础上，为了获得特定的性能，有目的地加入一种或多种合金元素的钢。加入的元素有硅、锰、铬、镍、钨、钼、钒、钛、铝及稀土等元素。

1. 合金钢的分类和用途

合金结构钢。用于制造机械零件和工程结构的钢。

合金工具钢。用于制造各种加工工具的钢。

特殊性能钢。具有某种特殊物理、化学性能的钢，如不锈钢、耐热钢、耐磨钢等。

低合金钢。合金元素总含量 <5%。

中合金钢。合金元素总含量 5% ~10%。

高合金钢。合金元素总含量 >10%。

2. 合金钢的牌号

我国合金钢牌号采用碳含量、合金元素的种类及含量、质量级别来编号，简单明了，比较实用。

合金结构钢的牌号采用两位数字（碳含量）＋元素符号（或汉字）＋数字表示。前面两位数字表示钢的平均含碳量的万分数；元素符号（或汉字）表明钢中含有的主要合金元素；后面的数字表示该元素的含量。合金元素含量小于 1.5% 时不标，平均含量为 1.5% ~2.5%，2.5% ~3.5%…时，则相应地标以 2，3…

例如 40Cr 钢为合金结构钢，平均含碳量为 0.40%，主要合金元素为铬，其含量在 1.5% 以下。60Si2Mn 钢为合金结构钢，平均含碳量为 0.60%，主要合金元素锰含量小于 1.5%，平均含硅量为 2%。

合金工具钢的牌号和合金结构钢的区别仅在于碳含量的表示方法，它用一位数字表示平均含碳量的千分数，当碳含量大于等于 1.0% 时，则不予标出。

如 9SiCr 钢为合金工具钢，平均含碳量为 0.90%，主要合金元素为硅、铬，含量均小于 1.5%。Cr12MoV 钢为合金工具钢，平均含碳量大于等于 1.0%，主要合金元素铬的平均含量为 12%，钼和钒的含量均小于 1.5%。

高速钢平均含碳量小于 1.0% 时，其含碳量也不予标出，如 W18Cr4V 钢的平均含碳量为 0.7% ~0.8%。

特殊性能钢的牌号和合金工具钢的表示方法相同，如不锈钢 2Cr13 表示含碳量为 0.20%，平均含铬量为 13%。当含碳量为 0.03% ~0.10% 时，含碳量用 0 表示，含碳量小于等于 0.03% 时，用 00 表示。如 0Cr18Ni9 钢的平均含碳量为 0.03% ~0.10%，00Cr30M02 钢的平均含碳量小于等于 0.03%。

除此以外，还有一些特殊专用钢，为表示钢的用途，在钢的牌号前面冠以汉语拼音字母字头，而不标含碳量，合金元素含量的标注也和上述有所不同。

例如滚动轴承钢前面标"G"（"滚"字的汉语拼音字母字头），如 GCr15。这里应注意牌号中铬元素后面的数字是表示含铬量千分数，其他元素仍按百分数表示，如 GCr15SiMn 表示含铬量为1.5%，硅、锰含量均小于 1.5% 的滚动轴承钢。

五、金属材料的焊接性及评价

1. 焊接性

焊接性是指一种金属材料采用某种焊接工艺获得优良焊缝的难易程度。焊接性包含焊接接头出现焊接缺陷的可能性，以及焊接接头在使用中的可靠性（如耐磨、耐热、耐腐蚀等）。

2. 影响金属材料焊接性的因素

影响金属焊接性的因素很多，主要有材料、工艺、设计和服役条件等，例如，含碳量、合金元素及其含量、采用的焊接工艺。低碳钢的焊接要比铸铁的焊接容易，异种钢焊接性较差，而改用扩散焊、钎焊时，焊接性则较好。由此可见，金属材料的焊接性不仅取决于被焊金属本身固有的性质，还与采用的焊接方法有关。

设计因素主要是指焊接结构及焊接接头形式、接头断面的过渡、焊缝的位置、焊缝的集中程度等。

服役条件因素主要是指焊接结构的工作温度、受载类型（如动载、静载、冲击或高速等）和工作环境（如化工区、沿海及腐蚀介质等）。

3. 焊接性的评价——碳当量法

各种钢材所含合金元素的种类和含量不同，其焊接性也就有差别。但是，生产实践的经验证明，钢中含碳量的多少对焊接性影响很大。碳当量法就是把钢中各种元素都分别按照相当于若干含碳量的办法总合起来，作为判断钢材焊接性的标志。如钢中每增加含锰量 0.6%，则相当于增加含碳量 0.1% 对钢材焊接性的影响效果，这样，就可以把锰的含量以 1/6 计入碳当量。

由国际焊接学会推荐的碳当量法计算公式如下：

$$C_E = C + \frac{Mn}{6} + \frac{Cr + Mo + V}{5} + \frac{Ni + Cu}{15} \; (\%)$$

按照碳当量可以把钢材的焊接性分成良好、一般和低劣。

（1）$C_{当量} < 0.4\%$，焊接性良好。一般不必采取预热等措施，就可以获得优良的焊缝。低碳钢和低合金钢（如 15Cr、20Cr、15Mn 等）属于这一类。

（2）$C_{当量} = 0.4\% \sim 0.6\%$，焊接性一般。这类钢材在焊接过程中淬硬倾向逐渐明显，通常需采用焊前预热（150～200℃）、焊后缓冷等措施。中碳钢和某些合金钢（如 18CrNiMo、20CrMnSi、40Cr、30CrMnSi 等）属于这一类。

（3）$C_{当量} > 0.6\%$，焊接性差。这类钢材产生裂纹倾向严重，不论周围气温高低、焊件刚性和厚度如何，必须预热到 200～450℃，焊后应采取热处理等措施，如弹簧钢等。

4. 碳素钢的焊接特点

低碳钢是焊接钢结构中应用最广的材料。它具有良好的焊接性，可采用交直流焊机进行全位置焊接，工艺简单，使用各种焊法施焊都能获得优质的焊接接头。不过，在低温（零下 10℃以下）和焊厚件（大于 30 mm）以及焊接含硫磷较多的钢材时，有可能产生裂纹，应采取适当预热等措施。

中碳钢和高碳钢在焊接时，常发生下列困难：在焊缝中产生气孔；在焊缝和近缝区产生淬火组织甚至产生裂缝。这是由于中碳钢和高碳钢的含碳量较高，焊接时，若熔池脱氧不足，FeO 与碳作用生成 CO，形成 CO 气孔。

另外，由于钢的含碳量大于 0.28% 时容易淬火，因此焊接过程中，可能出现淬火组织。有时由于高温停留时间过长，在这些区域还会出现粗大的晶粒，这是塑性较差的组织。当焊接厚件或刚性较大的构件时，焊接内应力就可能使这些区域产生裂缝。

焊接碳素钢时应加强对熔池的保护，在药皮中加入脱氧剂等，防止空气中的氧侵入熔池。焊接含碳量较高的碳素钢时，为防止出现淬硬组织和裂纹，应采取焊前预热和焊后缓冷等措施。

5. 合金钢的焊接特点

合金钢焊接的主要特点是，在热影响区有淬硬倾向和出现裂纹的趋势。随着强度等级的提高，或采用过快的焊接速度、过小的焊接电流，或在寒冷、大风的作业环境中焊接，都会促使淬硬倾向和裂纹的增加。

因此，焊接合金钢时，应尽可能减缓焊后冷却速度和避免不利的工作条件。用电弧焊接时，最好进行 100～200℃ 的低温预热，采用多层焊。要尽可能采取前述减小应力的措施，特别重要的焊件可以在焊后进行热处理。

第三节　压焊技术的分类及应用与发展

一、压焊技术的分类及应用

在焊接过程中，对焊件施加压力（加热或不加热）从而完成焊接的方法称为压焊。它包括固态焊、热压焊、锻焊、扩散焊、气压焊及冷压焊等。常用的压焊方法有电阻点焊、电阻凸焊、电阻缝焊、电阻对焊、摩擦焊、高频焊、扩散焊、超声波焊、爆炸焊、气压焊、冷压焊、电容储能点焊等。

1. 电阻焊

电阻焊的分类方法很多，目前常用的电阻焊方法主要是点焊、缝焊、凸焊和对焊。

（1）点焊是一种高速、经济的焊接方法。主要适用于焊接厚度小于 3 mm 的冲压、轧制的薄板构件。目前广泛应用于汽车驾驶室、金属车厢复板、家具等低碳钢产品的焊接。

（2）缝焊由于它的焊点重叠，分流很大，因此焊件不能太厚，一般不超过 2 mm。广泛应用于油桶、罐头罐、暖气片、飞机和汽车油箱以及喷气发动机、火箭、导弹中密封容器的薄板焊接。

（3）凸焊的种类很多，除了板件凸焊外，还有螺帽、螺钉类零件凸焊，线材交叉凸焊，管子凸焊和板材 T 型凸焊等。主要用于焊接低碳钢和低合金钢的冲压件。板件凸焊最适宜的厚度为 0.5 ~ 4 mm。焊接更薄件时，凸点设计要求严格，需要随动性极好的焊机，因此厚度小于 0.25 mm 的板件更宜于采用点焊。

（4）对焊按加压和通电方式分为电阻对焊和闪光对焊。

1）电阻对焊焊接过程较简单，用于小断面（小于 250 mm^2）金属型材的焊接，如管道、拉杆、小链环等。

2）闪光对焊在生产中应用十分广泛，接头质量较高，生产率也高，故常用于重要的受力对接件。闪光对焊的可焊材料很广，所有钢及有色金属几乎都可以采用闪光对焊。

2. 高频焊

根据高频电流在焊件中产生热的方式可分为接触高频焊和感应高频焊。接触高频焊时，高频电流通过与焊件机械接触而传入焊件。感应高频焊时，高频电流通过焊件外部感应圈的耦合作用而在焊件内产生感应电流。

高频焊是专业化较强的焊接方法，要根据产品的特点配备专用设备，生产率高，焊接速度可达 30 m/min，主要用于制造管子时纵缝或螺旋缝的焊接。

3. 气压焊

气压焊和气焊一样，也是以气体火焰为热源。焊接时将两对接的焊件的端部加热到一定温度后，再施加足够的压力以获得牢固的接头，是一种固相焊接。气压焊时不加填充金属，常用于铁轨焊接和钢筋焊接。

4. 爆炸焊

爆炸焊也是以化学反应热为能源的另一种固相焊接方法。但它是利用炸药爆炸所产生的能量来实现金属连接的。在各种焊接方法中，爆炸焊可以焊接的异种金属组合的范围最广。可以用爆炸焊将冶金上不相容的两种金属焊接在一起。爆炸焊多用于表面积相当大的平板包覆，是制造复合板的高效方法。

5. 摩擦焊

摩擦焊是以机械能为能源的固相焊接。它是利用两表面间机械摩擦所产生的热来实现金属的连接的。摩擦焊生产率较高，原理上几乎所有能进行热锻的金属都能进行摩擦焊接。摩擦焊还可以用于异种金属的焊接，适用于横断面为圆形的最大直径为 100 mm 的焊件。

6. 超声波焊

超声波焊也是一种以机械能为能源的固相焊接方法。超声波焊可以用于大多数金属材料之间的焊接，能实现金属、异种金属及金属与非金属间的焊接。可适用于金属丝、箔及微型器件的焊接，最薄可以焊到 0.02 mm 的焊件。

7. 扩散焊

扩散焊一般是以间接热能为能源的固相焊接方法，对被焊材料的性能几乎不产生有害作用。它可以用于焊接很多同种和异种金属以及一些非金属材料，如陶瓷等，也可以用于焊接复杂的结构及厚度相差很大的焊件。

二、压焊技术的发展

我国是世界上最早应用焊接技术的国家之一。焊接技术是随着铜、铁等金属的冶炼生产、各种热源的应用而出现的。古代的焊接方法主要是铸焊、钎焊、锻焊、铆焊。战国时期制造的刀剑，刀刃为钢，刀背为熟铁，一般是经过加热锻焊而成的。中国商朝制造的铁刃铜钺，就是铁与铜的铸焊件。据明朝宋应星所著《天工开物》一书记载：中国古代将铜和铁一起入炉加热，经锻打制造刀、斧；用黄泥或筛细的陈久壁土撒在接口上，分段煅焊大型船锚。

古代焊接技术长期停留在铸焊、锻焊、钎焊和铆焊的水平上，使用的热源都是炉火，温度低、能量不集中，无法用于大截面、长焊缝焊件的焊接，只能用以制作装饰品、简单的工具、生活器具和武器。

近代焊接技术是在电能成功地应用于工业生产之后出现的，1887年，美国的汤普森发明电阻焊，并用于薄板的点焊和缝焊；缝焊是压焊中最早的半机械化焊接方法，随着缝焊过程的进行，焊件被两滚轮推送前进；20 世纪 20 年代开始使用闪光对焊方法焊接棒材和链条。至此电阻焊进入实用阶段。

1956 年，美国的琼斯发明超声波焊；苏联的丘季科夫发明摩擦焊；1957 年，摩擦焊得到了迅速的发展，特别是 1991 搅拌摩擦焊的出现，使摩擦焊的发展达到一个崭新阶段；1959 年，美国斯坦福研究所研究成功爆炸焊；20 世纪 50 年代末苏联又制成真空扩散焊设备。

我国大致在 20 世纪 20 年代，开始了电弧焊的应用。那时，只有极为少量的手弧焊和气焊，且多用于修补工作。如今，随着国民经济的迅速发展，焊接技术的应用已遍及我国的国防、造船、化工、石油、冶金、电力、建筑、桥梁、机车车辆、机械制造等各行各业。我们成功地焊接了 12 000 t 水压机、22.5 万 kW 水轮机、150 大气压的加氢反应器、直径 15.7 m 的球型容器、25 000 t 远洋货轮以及原子反应堆、火箭、人造卫星等。各种新工艺如异种金属的摩擦焊和数字程序控制焊接等已在许多工厂中应用。大量的焊接生产自动线，如锅炉省煤器、过热器蛇形管摩擦焊、汽车车体电阻点焊和车轮气体保护焊等投入生产。此外，还设计制造了各种焊接设备，如电阻点焊、凸焊、缝焊、对焊机、2 万 W/s 储能点焊机、汽车制造用的各种专用点焊机等；在许多高、中等职业院校设置了焊接专业，为发展焊接科学技术和培养焊接技术人才创造了良好的氛围。

第四节　压焊工艺基础

一、焊接接头形式

用焊接方法连接的接头称为焊接接头（简称接头）。

由于焊件的结构、形状、厚度及技术要求不同，其焊接接头的形式也不相同。焊接接头的基本形式可分为对接接头、T 形接头、角接接头、搭接接头四种（见图 2—8）。

如图 2—8 所示，焊件两端面平行相对的接头，称为对接接头；两焊件部分重叠构成的接头，称为搭接接头；两焊件端面间构成大于30°、小于 135°夹角的接头，称为角接接头；焊件的端面与另一焊件表面构成直角或近似直角的接头，称为 T 形接头。

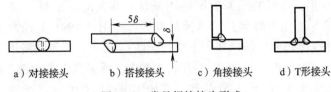

a）对接接头　　b）搭接接头　　c）角接接头　　d）T形接头

图 2—8　常见焊接接头形式

　　有时焊接结构中还有一些特殊的接头形式，如十字接头、端接接头、卷边接头、套管接头、斜对接接头、锁底对接接头等。

　　电阻点焊接头形式为搭接和卷边接头，如图 2—9 所示。接头设计时，必须考虑边距、搭接宽度、焊点间距、装配间隙等。生产中还会遇到棒与棒及棒与板点焊，其点焊的接头形式如图 2—10 所示。

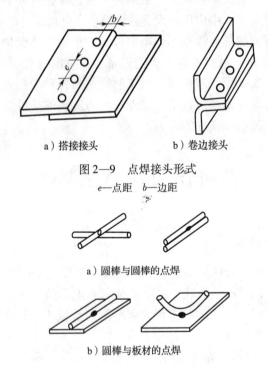

a）搭接接头　　　　　　　b）卷边接头

图 2—9　点焊接头形式

e—点距　b—边距

a）圆棒与圆棒的点焊

b）圆棒与板材的点焊

图 2—10　圆棒与圆棒及圆棒与板材的点焊

　　电阻对焊的接头形式为对接接头，两焊件对接面的几何形状和尺寸应基本一致，如图 2—11 所示。

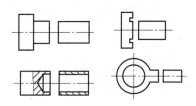

图 2—11 电阻对焊的接头形式

摩擦焊局限于平面对接及斜面对接两种接头形式，一般有轴对轴、轴对管子、管子对管子、管子对平板和轴对平板等，如图 2—12 所示。

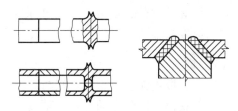

图 2—12 摩擦焊的接头形式

爆炸焊仅适用于有重叠面或紧密配合面的接头。

高频焊是高速焊接的方法，适用于外形规则、简单，能在高速运动中保持恒定的接头形式，如对接、角接接头。

扩散焊常用的接头形式有对接、T 形和搭接接头。

超声波焊的接头形式为搭接接头。在接头设计时点距、边距不受限制，可以任选。

二、压焊的焊接热源

金属焊接常用的热源有电弧热、电阻热、化学热、摩擦热、激光束、电子束。压焊常用的焊接热源为电阻热、化学热、摩擦热等。

1. 电阻热

电阻热是电流通过导体及其界面时所产生的热，应用于电阻焊（电阻点焊、凸焊、缝焊、对焊）、高频焊、电容储能点焊。

2. 化学热

化学热是可燃气体的火焰放出的热量，在压焊方法中应用于气压焊。爆炸焊也是以化学反应热为能源的另一种固相焊接方法。

3. 摩擦热

摩擦热是机械高速摩擦所产生的热量，应用于摩擦焊。超声波是以高频振荡能的摩擦对焊件接头进行局部加热。

三、影响压焊质量主要因素

1. 焊接电流的影响

焊接电流太小不能形成熔核或者熔核尺寸小，焊点强度小；焊接电流太大，会引起焊接焊件过热、喷溅、压痕过深等。因此，在焊接过程中必须严格控制焊接电流。

2. 焊接时间的影响

为了保证熔核尺寸和焊接强度，焊接时间与焊接电流在一定范围内可以互相补充，为了获得一定强度的焊点，可以采取大电流和短时间，也可采用小电流和长时间。

3. 电极压力的影响

当电极压力过小时，会产生严重喷溅。这不仅使熔核形状和尺寸发生变化，而且污染环境和不安全，这是绝对不允许的。当电极压力过大，会造成熔核尺寸下降，严重时会出现未焊透缺陷。

一般情况下，在增大电极压力的同时适当加大焊接电流或焊接时间，以使焊点强度维持不变，稳定性亦可大为提高。

4. 电极端面尺寸的影响

电极头是指点焊时与焊件表面相接触的电极端头部分。电极头端面尺寸增大，会使熔核尺寸减小，导致焊点承载能力降低。

5. 对电极材料的要求

电极材料是决定电极寿命和焊接质量的重要因素之一。对电极材料有以下要求：

（1）有足够的高温硬度与强度，再结晶温度高。

（2）有高的抗氧化能力并与焊件材料形成合金的倾向小。

（3）在常温和高温都有合适的导电、导热性。

（4）具有良好的加工性能等。

四、常见焊接缺陷

1. 电阻点焊常见焊接缺陷

（1）喷溅。点焊、凸焊或缝焊时，从焊件贴合面间或电极与焊件接触面间飞出熔化金属颗粒的现象称为喷溅。产生的原因是电极压力较小、焊接程序不对（没有预先压紧）、焊接时间过长、焊接电流过大、焊件或电极头未清理干净、电极工作表面形状或位置不正确等。

（2）压痕过深。产生的原因是焊接电流过大、电极压力过大、焊接时间过长、电极头尺寸过小。

（3）未焊透或焊点过小。产生的原因是焊接电流过小、分流较大、通电时间过短、电极压力过大、电极头磨损或电极头直径增大、喷溅严重等。

（4）外部裂纹。产生的原因是焊接电流过大、焊接时间太短、电极压力过小、锻压力小、电极头冷却不良、清理不干净等。

（5）烧穿或表面烧伤。产生的原因是清理不干净、电极压力过大、焊接电流过大、加热过快等。

（6）缩孔和气孔。产生的原因是焊接时间过短、电极压力不足、锻压力小或加得过迟、电极头冷却不良、清理不干净等。

2. 电阻缝焊常见焊接缺陷

缝焊时常见的焊接缺陷与点焊时可能产生的缺陷相似，原因也基本相同，但缝焊的焊缝均为要求密封性好的焊缝，所以缝焊还可能产生不致密缺陷。其产生的原因有：

（1）熔化核心熔化重叠不够，焊接电流太小，通电时间太短，焊接速度过快，以及焊接工艺参数不稳定。

（2）焊接变形过大，缝焊时焊件放置不当，焊接过程中冷却不足。

（3）上下滚轮的直径相差太大。

（4）定位焊的焊点不牢。

3. 电阻对焊常见焊接缺陷

（1）错位。产生的原因可能是焊件装配时未对准或倾斜，焊件过热，伸出长度过大，焊机刚性不够大等。提高焊机刚度，减小伸出长度及适当限制顶锻留量是防止错位的主要措施。错位的允许误差一般小于0.1 mm或0.5 mm的厚度。

（2）裂纹。产生的原因可能是在对焊高碳钢和高速钢时，由于淬火倾向大，可能出现裂纹。可采用预热、后热和及时退火等措施来防止。

（3）未焊透。产生的原因可能是顶锻前接口处温度太低，顶锻留量太小，顶锻压力和顶锻速度低，金属夹杂物太多，防止的措施是采用合适的对焊工艺参数。

（4）白斑。这是对焊特有的一种缺陷，在断口上表现有放射状灰白色斑。这种缺陷极薄，不易在金相磨片中发现（在电镜分析中才能发现）。白斑对冷弯较敏感，但对拉伸强度的影响很小，可采取快速及充分顶锻措施来消除。

4. 摩擦焊常见焊接缺陷

（1）未焊透。产生原因是焊前摩擦端面及周围未清理好、转速低、摩擦时间不当（摩擦时间短）、顶锻压力小。

（2）飞边不封闭。产生原因是转速太高、摩擦压力不当、刹车慢。

（3）接头偏心。产生原因是夹头偏心、焊件端面倾斜或在夹头外伸出量太大。

（4）接头过热。产生原因是转速太高、压力太小、摩擦时间过长。

（5）裂纹。多出现于焊接淬火钢，主要原因是摩擦时间短、冷却快。

（6）接头脆硬。多出现于焊接淬火钢，主要原因是摩擦时间短、冷却快。

（7）脆性合金层。焊接容易产生脆性合金化合物的异种金属时可能产生，主要原因是加热温度高、摩擦时间长、压力小。

5. 爆炸焊常见焊接缺陷

（1）结合不良。产生原因是炸药种类不合适、药量不足、焊件安装时间隙不当。

（2）鼓包。产生原因是气体未能及时排出。应采用最佳的药量和最佳的安装间隙，选择低爆速炸药。

（3）大面积熔化。由于间隙内未能及时排出气体，在高压下被绝热压缩，大量的绝热压缩热使气体周围的一层金属熔化。应选择低爆速炸药，采用中心起爆方式。

（4）表面烧伤。复层表面被爆炸热氧化而烧伤。应选择低爆热的炸药，采用中心起爆方式。

（5）脆裂。材料本身冲击值太小，材料的强度、硬度过高导致脆裂产生。应采用热爆工艺。

（6）雷管区结合不良。产生原因是爆炸能量不足，气体未排出。应在雷管区增加附加炸药包，来尽量缩小雷管区。

（7）边部打裂。除雷管区之外的复合板的其余周边或复合管（棒）的前端，由于边界效应而使覆层被打伤打裂所形成的缺陷。产生原因主要是周边或前端能量过大。减轻或消除的办法是减少边部（复合板）或前端（复合管、棒）的药量，增加覆板或覆管的尺寸，或在厚覆板的待结合面以外的周边刻槽等。

6. 高频焊常见焊接缺陷

（1）未焊合。未焊合产生的原因是加热不足、挤压力不够、焊接速度太快。应提高输入功率，适当增加挤压力，选用合适的焊接速度。

（2）夹渣。夹渣产生的原因是输入功率太大、焊接速度太慢、挤压力不够。应选用适当的输入功率，提高焊接速度，适当增加挤压力。

（3）近缝区开裂。产生原因是热态金属受强挤压，使其中原有纵向分布的层状夹渣物向外弯曲过大。应保证母材的质量，挤压力不能过大。

（4）错边（薄壁管）。错边产生的原因多数是设备精度不高、挤压力过大。应修整设备，使其达到精度要求，并适当降低挤压力。

7. 扩散焊常见焊接缺陷

扩散焊产生的主要缺陷是未焊透，界面处局部有微孔及残余变形，还有可能会出现裂纹、错位等缺陷。

（1）未焊透。未焊透产生的主要原因是焊接温度低、压力不足、焊接时间短、真空度低、待焊面加工精度低和清理不干净及结构位置不正确等。防止的方法是采用合适的扩散焊工艺。

（2）界面处有微孔。界面处有微孔产生的原因是表面粗糙不平。应使待焊面精度要达到规定的要求。

（3）残余变形。残余变形产生的主要原因是焊接压力太大、温度过高、保温时间太长等。应采用合适的扩散焊工艺和规范参数。

（4）裂纹。裂纹是由于加热和冷却速度太快、焊接压力过大、焊接温度过高、加热时间太长、待焊面加工粗糙等而引起的。防止的办法是针对产生的原因，采用合适的规范参数。

（5）错位。错位产生的主要原因是夹具结构不正确。防止的办法是应设计合适的夹具和将零件放置妥当。

第三章 压焊安全基础知识

第一节 概 述

在现代焊接技术中,利用化学能转变为热能和利用电能转变为热能来加热金属的方法,已得到了普遍的应用。但是在焊接操作中,一旦对它们失去控制,就会酿成灾害。目前广泛应用于生产中的各种焊接方法,在操作过程中都存在某些有害因素。按有害因素的性质,可分为化学因素——焊接烟尘、有毒气体,物理因素——弧光、高频电磁辐射、射线、噪声、热辐射等。

一、压焊作业安全事故类型

在压焊操作过程中发生的工伤事故主要有以下几类。

1. 火灾和爆炸

压焊操作者在工作中存在着火灾和爆炸的隐患,如电阻焊工作过程常有喷溅产生,尤其是闪光对焊火花四处喷溅将持续数秒至十多秒,气压焊用氧—乙炔焰加热焊件,高频焊的现场处于高温环境下。尤其是爆炸焊以炸药为能源,工作中的安全问题就显得格外突出。这些都是构成火灾和爆炸的条件,很容易导致火灾和爆炸事故的发生。

2. 触电

操作者接触电的机会比较多,电阻焊机二次电压甚低,不会产生触电危险。但一次电压为高压,尤其是采用电容储能电阻焊机 I 级电压可高于千伏;高频焊时,影响人身安全的最主要因素在于高频焊电源,高频发生器回路中的电压特别高,一般在 $5 \sim 15$ kV。如果操作不当，一旦发生触电，必将导致严重人身伤亡事故。

3. 灼烫

压焊的电阻闪光对焊，闪光时火花可飞溅高达 9 ~ 10 m。摩擦焊、气压焊、高频焊作业中，不仅与炽热的焊件直接接触，还要面对焊接时的火花喷溅、加热焊件的高温熏烤，工作中不能很好地防护，很有可能发生灼烫伤亡事故。焊接现场的调查情况表明，灼烫是焊接操作中常见工伤事故。

4. 中毒

电阻焊接镀层板时，产生有毒的锌、铝烟尘，闪光对焊时有大量金属蒸气产生，修磨电极时有金属尘，其中镉铜和铍钴铜电极中的镉与铍均有很大毒性，有可能导致中毒事故的发生。

5. 压伤

电阻焊机须固定一人操作，而多人操作配合不当会产生压伤事故。尤其点焊机上的脚踏开关、对焊机上的夹紧按钮，压焊操作人员使用时要尤为注意，违章操作会受到机械气动压力的挤压伤害，退料过程中，若操作不慎会出现被焊件撞伤的事故。

6. 高频电磁辐射

高频焊接过程中高频电磁场对人体和周围物体都有作用，可使周围金属发热，使人体细胞组织产生振动，引发疲劳、头晕等症状。

二、压焊作业人员安全培训与考核的重要性

通过对压焊操作过程中存在着某些有害因素及危险性的了解，可以知道压焊发生的工伤事故（如爆炸、火灾）不仅会伤害焊工本人，而且还会危及在场其他生产人员的安全，同时会使国家财产蒙受巨大损失，会严重影响生产的顺利进行。

因此，压焊作业属于特种作业（即对操作者本人，尤其对他人和周围设施的安全有重大危险和有害因素的作业）的范畴，直接从事压焊作业的工人属特种作业人员。国家要求对特种作业人员的安全技术培训及安全技术考核进行严格的管理。

1. 压焊人员在独立上岗作业前，必须经过国家规定的专门的安全技术理论和实际操作培训、考核。考核合格取得相应操作证者，方准独立作业；做到持证上岗，严禁无证操作。

2. 安全技术培训应实行理论与实际操作技能训练相结合的原则，重点提高作业人员安全技术知识、安全操作技能和预防各类事故的实际能力。

压焊作业人员考核包括安全技术考核与实际操作技能考核两部分。经考核成绩合格后，方具备发证资格。凡属新培训的特种作业人员经考核合格后，一律领取国家安全生产监督管理局统一制发的特种作业操作证（IC 卡）。

3. 压焊作业人员变动工作单位，由所在单位收缴其操作证，并报发证部门注销。离开压焊作业岗位一年以上的人员，须重新进行安全技术考核，合格者方可从事原作业。特种作业人员操作证不得伪造、涂改和转借。压焊作业人员违章作业，应视其情节，给予批评教育或吊扣、吊销其操作证，造成严重后果的，应按有关法规进行处罚。

特种作业人员通过安全技术培训及安全技术考核，了解和掌握压焊安全技术理论知识，熟知在压焊过程中可能发生的不幸事故的原因，从而能够采取有效的安全防护措施，显得十分重要。

第二节　压焊作业安全用电

在压焊操作时，接触电的机会较多，在整个工作过程中需要经常接触电气装置，如果没有良好的操作习惯，稍有不慎，就可能造成触电事故。

一、电流对人体的伤害形式

电流对人体的伤害有三种形式，电击、电伤和电磁场生理伤害。

电击是指电流通过人体内部，破坏人的心脏、肺及神经系统的正常功能所造成的伤害。

电伤是指电流的热效应、化学效应或机械效应对人体的伤害，主要是指电弧烧伤、熔化金属溅出烫伤等。

电磁场生理伤害是指在高频电磁场的作用下，使人出现头晕、乏力、记忆力减退、失眠、多梦等神经系统的症状。

人们通常所说的触电的事故，基本上是指电击，绝大多数触电死亡主要是电击造成的。

二、影响电击严重程度的因素

在 1 000 V 以下的低压系统中，电流会引起人的心室颤动而导致触电死亡。心脏好比是一个促使血液循环的泵，当外来电流通过心脏时，原有的正常工作受到破坏，由正常跳动变为每分钟数百次以上细微的颤动。这种细微颤动足以使心脏不能再压送血液，导致血液终止循环，大脑缺氧发生窒息死亡。

焊接作业触电事故的危险程度与通过人体的电流大小、持续作用时间、途径、频率及人体的健康状况等因素有关。

1. 触电的危险程度主要决定于触电时流经人体电流的大小。根据实验研究，人体在触及工频（50 Hz）交流电后能自主摆脱电源的最大电流约为 10 mA。这时人体有麻痹的感觉。若达 20～25 mA 则有麻痹和剧痛、呼吸困难的感觉，随着流经人体电流的增加，致死的时间就会缩短。

夏季人体多汗、皮肤潮湿，或沾有水、皮肤有损伤、有导电粉尘时，人体电阻值（1 000 Ω 以上）均会降低，因此极易发生触电伤亡事故。超过人体的摆脱电流人体就不能自主摆脱电源，在无救援情况下，也会立即造成死亡，国内发生过 36 V 电压电击死人的事故。所以，在多汗的、潮湿、狭小空间内更要重视用电安全，采取针对性的安全措施，预防焊接触电事故发生。

2. 电流流经人体持续时间越长，对人体危害越大。因此发生触电时，应立即使触电者与带电体脱离。

3. 电流通过人体的心肌、肺部和中枢神经系统的危险性大，从手到脚的电流途径最为危险，因为沿这条途径有较多的电流通过心脏、肺部和脊髓等重要器官，其次是从一只手到另一只手的电流途径，再者是从一只脚到另一只脚的电流途径。后者还容易因剧烈痉挛而摔倒，导致电流通过全身或摔伤、坠落等严重的二次事故。

4. 直流电流、高频电流和冲击电流对人体都有伤害作用，直流电的危险性相对小于交流电。然而，通常电气设备都采用工频（50 Hz）交流电，这对人体来说是最危险的频率。

5. 人体的健康状况与触电的危险性有很大关系。凡患有心脏病、肺病和神经系统疾病等，触电会产生极大的危险性。

三、人体触电方式

按照人体触及带电体的方式和电流通过人体的途径，电击可以分为下列几种情况。

1. 低压单相触电

即人体在地面或其他接地导体上，人体的某一部位触及一相带电体的触电事故。大部分触电事故都是单相触电事故。

2. 低压两相触电

即人体两处同时触及两相带电体的触电事故。这时人体受到的电压可高达 220 V 或 380 V，所以危险性很大。

3. 跨步电压触电

当带电体接地有电流流入地下时，电流在接地点周围土壤中产生电压降，人在接地点周围，两脚之间出现的电压即跨步电压。由此引起的触电事故称为跨步电压触电。高压故障接地处或有大电流流过的接地装置附近，都可能出现较高的跨步电压。

4. 高压电击

对于 1 000 V 以上的高压电气设备，当人体过分接近它时，高压电能将空气击穿使电流通过人体，此时还伴有高温电弧，能把人烧伤。

四、安全电压

通过人体的电流越大，致命危险越大，持续时间越长，死亡的可能性越大。能使人感觉到的最小电流称为感知电流，交流为 1 mA，直流为 5 mA，人触电后能自己摆脱的最大电流称为摆脱电流，交流为 10 mA，直流为 50 mA，在较短的时间内危及生命的电流称为致命电流，交流为 50 mA。在有触电保护装置的情况下，人体允许通过的电流一般可按 30 mA 考虑。

通过人体的电流大小决定于外加电压高低和人体电阻大小，在一般情况下人体电阻可按 1 000 ~ 1 500 Ω 考虑，在不利的情况下人体电阻会降低到 500 ~ 650 Ω。不利的情况是指皮肤出汗、身上带有导电性粉尘、加大与带电体的接触面积和压力等，这些都会降低人体电阻。通常流经人体的电流大小是不可能事先计算出来的，因此在确定安全条件时，一般不用安全电流而用安全电压表示，这个安全电压数值与工作环境有关，由于在不同环境条件下人体电阻相差很大，而电对人体的作用是以电流大小来衡量的，所以不同环境条件下的安全电压各不相同。

对于触电危险性较大但比较干燥的环境（如在锅炉里焊接，四周都是金属），人体电阻可按 1 000 ~ 1 500 Ω 考虑，流经人体的允许电流可按 30 mA 考虑，则安全电压 $V = 30 \times 10^{-3} \times$（1 000 ~ 1 500）= 30 ~ 45 V，我国规定为 36 V。凡危险及特别危险环境里的局部照明行灯，危险环境里的手提灯，危险及特别危险环境里的携带式电动工具，均应采用 36 V 安全电压。

对于触电危险性较大而又潮湿的环境（如阴雨天在金属容器里的焊接），人体电阻应按 650 Ω 考虑，则安全电压 $V = 30 \times 10^{-3} \times 650 = 19.5$ V，我国规定在潮湿、窄小而触电危险性较大的环境中，安全电压为 12 V。凡特别危险环境里以及在金属容器、矿井、隧道里的手提灯，均应采用 12 V 安全电压。

对于在水下或其他由于触电会导致严重二次事故的环境，流经人体的电流应按不引起强烈痉挛的 5 mA 考虑，则安全电压 $V = 5 \times 10^{-3} \times 650 = 3.25$ V。我国尚无规定，国际电工标准会议规定为 2.5 V 以下。安全电压能限制触电时通过人体的电流在较小的范围内，从而在一定程度上保障人身安全。

五、压焊作业发生触电事故的原因及防范措施

1. 发生触电的危险因素

（1）压焊作业环境周围存在着的高压或低压电网、裸导线等。在操作过程中，若水冷系统出现问题，产生泄漏，人体站在潮湿地面作业，会增加触电的危险性。

（2）焊接电源是与220 V/380 V电力网路连接的，人体一旦接触这部分电气线路（如焊机的插座、开关或破损的电源线等），就很难摆脱。

（3）焊机的空载电压大多超过安全电压，但由于电压不是很高，人容易忽视。另一方面，焊工在操作中与这部分电气线路（如焊件、工作台和电缆等）接触的机会较多，因此它是焊接触电伤亡事故的主要危险因素。

（4）焊机和电缆由于经常性的超负荷运行、粉尘和酸碱性蒸气的腐蚀、绝缘易老化变质，容易出现焊机和电缆的漏电现象，而发生触电事故。

2. 工作环境按触电危险性分类

焊工需要在不同的工作环境中操作，因此应当了解和考虑到工作环境，如潮气、粉尘、腐蚀性气体或蒸气、高温等条件的不同，选用合适的工具和不同电压的照明灯具等，以提高安全可靠性，防止发生触电。按照触电的危险性，工作环境可分为以下三类。

（1）普通环境。这类环境的触电危险性较小，一般应具备的条件为：

1）干燥（相对湿度不超过75%）。

2）无导电粉尘。

3）有木料、沥青或瓷砖等非导电材料铺设的地面。

4）金属物品所占面积与建筑物面积之比小于20%。

（2）危险环境。凡具有下列条件之一者，均属危险环境。

1）潮湿（相对湿度超过75%）。

2）有导电粉尘。

3）用泥、砖、湿木板、钢筋混凝土、金属或其他导电材料制成的地面。

4）金属物品所占面积与建筑物面积之比大于20％。

5）炎热、高温（平均温度经常超过30℃）。

6）人体能够同时接触接地导体和电气设备的金属外壳。

（3）特别危险环境。凡具有下列条件之一者，均属特别危险环境。

1）特别潮湿（相对湿度接近100％）。

2）有腐蚀性气体、蒸气、煤气或游离物。

3）同时具有上列危险环境的两个以上条件。

3. 焊接发生触电事故的原因

触电是电阻焊、高频焊、摩擦焊、电容储能点焊等焊接方法共同的主要危险。焊接的触电事故发生于下述两种情况：一种是触及焊接设备正常运行时的带电体，如接线柱、电极或焊钳口等，或者靠近高压电网所发生的电击，即所谓直接电击；另一种是触及意外带电体所发生的电击，即所谓间接电击。意外带电体是指正常情况下不带电，由于绝缘损坏或电气线路发生故障而意外带电的导电体，如漏电的焊机外壳、绝缘外皮破损的电缆等。

（1）焊接发生直接电击事故的原因

1）在焊工操作中，手或身体某部位接触到焊接设备带电电极，而脚和身体的其余部位对地和金属结构无绝缘防护，比较容易发生这种触电事故。

2）在焊接设备接线或调节焊接参数时，手或身体某部位碰触接线柱、极板等带电体。

3）压焊作业触及低压电网、裸导线，接触或靠近高压电网等。

（2）焊接发生间接电击事故的原因

1）人体碰触漏电的焊机外壳。

2）压焊设备的一次绕组与二次绕组之间的绝缘损坏时，手或身体某部位触及漏电的部位或裸导体。

3）操作过程中触及绝缘破损的电缆、胶木闸盒破损的接线柱、开关等。

4. 预防触电事故通常采取的措施

为了防止在焊接操作中人体触及带电体，一般可采取绝缘、屏护、间隔、自动断电、保护性接地（接零）和个人防护等安全措施。

（1）绝缘。绝缘是防止触电事故发生的重要措施。但是，绝缘在强电场等因素的作用下有可能被击穿。除击穿破坏外，由于腐蚀性气体、蒸气、潮气、粉尘的作用和机械损伤，也会降低绝缘的可靠性能或导致绝缘损坏。所以，焊接设备或线路的绝缘必须符合安全规则的要求并与所采用电压等级相配合，必须与周围环境和运行条件相适应。电工绝缘材料的电阻率一般在 $10^9 \Omega \cdot cm$ 以上。橡胶、胶木、瓷、塑料、布等都是焊接设备和工具常用的绝缘材料。

（2）屏护。屏护是采用遮栏、护罩、护盖、箱闸等把带电体同外界隔绝开来的一种措施。对于焊接设备、工具和配电线路的带电部分，如果不便包以绝缘或绝缘不足以保证安全时，可以采用屏护措施。例如，闸刀开关以及接线柱等一般不能包以绝缘，而需要屏护。

屏护装置不直接与带电体接触，因此，如开关箱、胶木盒等对所用材料的电性能没有严格要求。但是，屏护装置所用材料应当有足够的机械强度和良好的耐火性能。凡用金属材料制成的屏护装置，为了防止屏护装置意外带电造成触电事故，必须将屏护装置接地或接零。

（3）间隔。间隔就是为了防止人体触及焊机、电线等带电体，或为了避免车辆及其他器具碰撞带电体，或为防止因火灾和各种短路等造成的事故，在带电体与地面之间、带电体与其他设施和设备之间、带电体与带电体之间均需保持一定的安全距离。这在焊接设备和电缆布设等方面都有具体规定。

（4）焊机的空载自动断电保护装置。

（5）个人防护用品：绝缘鞋、皮手套、干燥的帆布工作服、橡胶绝缘垫等。

（6）为防止焊工操作时人体接触意外带电体发生事故，焊机外壳必须采取保护性接地或保护性接零等安全措施。

六、压焊设备的安全要求

对于电阻焊、高频焊、摩擦焊、电容储能点焊等，在焊接操作中，人体不可避免地会碰触到焊接设备，当焊接设备的绝缘损坏时外壳带电。就有发生触电事故的可能。为保证安全，焊接设备必须采取保护性接地或接零等安全措施。

所有焊接设备的外壳都必须接地。在电网为三相四线制中性点接地的供电系统中，焊机必须装设保护性接零装置；在三相三线制对地绝缘的供电系统中，焊机必须装设保护性接地装置。

1. 焊接设备保护性接地与接零

（1）焊接设备保护性接地。在不接地的低压系统中，当一相与机壳短路而人体触及机壳时，事故电流 I_d，通过人体和电网对地绝缘阻抗 Z 形成回路，如图 3—1 所示。

保护性接地的作用在于用导线将焊机外壳与大地连接起来，当外壳漏电时，外壳对地形成一条良好的电流通路，当人体碰到外壳时，相对电压就大大降低，如图 3—2 所示，从而达到防止触电的目的。

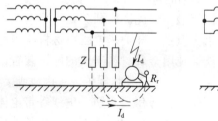
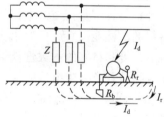

图 3—1　焊机不接地的危险性示意图　　图 3—2　焊机保护接地原理图

电源为三相三线制或单相制系统时，焊机外壳和二次绕组引出线的一端，应设置保护接地线。

接地装置可以广泛应用自然接地极，如与大地有可靠连接的建筑物的金属结构、敷设于地下的金属管道，但氧气与乙炔等易燃易爆气体及可燃液体管道，严禁作为自然接地极。

（2）焊接设备保护性接零。安全规则规定所有焊接设备的外壳都必须接地。电源为三相四线制中性点接地系统中，应安设保护接零线。

如果在三相四线制中性点接地供电系统上的焊接设备，不采取保护性接零措施，如图 3—3 所示，当一相带电部分碰触焊机外壳，人体触及带电的壳体时，事故电流 I_d 经过人体和变压器工作接地构成回路，对人体构成威胁。

保护性接零装置很简单，它是由一根导线的一端连接焊接设备的金属外壳；另一端接到电网的零线上，如图3—4所示。

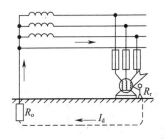 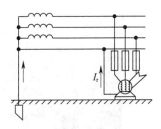

图3—3　焊机不接零的危险性示意图　　图3—4　焊机保护性接零原理图

保护性接零装置的作用是当一相的带电部分碰触焊机外壳时，通过焊机外壳形成该相对零线的单相短路，强大的短路电流立即促使线路上的保护装置迅速动作（如保险丝熔断），外壳带电现象立刻终止，从而达到保护人身和设备安全的目的。这种把焊接设备正常时不带电的机壳同电网的零线连接起来的安全装置，称为保护性接零装置。

（3）焊接设备接地与接零安全要求

1）接地电阻。根据有关安全规程的规定，焊机接地装置的接地电阻不得大于4 Ω。

2）接地体。焊机的接地极可用打入地里深度不小于1 m、接地电阻小于4 Ω的铜棒或无缝钢管。

自然接地极电阻超过4 Ω时，应采用人工接地极。否则除可能发生触电危险外，还可能引起火灾事故。

3）接地或接零的部位。所有焊机外壳，均必须装设保护性接地或接零装置，当焊机的一次线圈与二次线圈的绝缘击穿，高压窜到二次回路时，这种接地（或接零）装置就能保证焊工及其助手的安全。

4）不得同时存在接地或接零。必须指出，如果焊机二次线圈的一端接地或接零时，则焊件不应接地或接零。否则，一旦二次回路接触不良，大的焊接电流可能将接地线或接零线熔断，不但使人身安全受到威胁，而且易引起火灾。因此规定：凡是在有接地或接零装置的焊件（如机床的部件）上进行焊接时，都应将焊件的接地线（或接零线）暂时拆除（见图3—5），焊完后再恢复。在焊接与大地紧密相连的焊件（如自来水管路、房屋的金属立柱等）时，如果焊件的接地电阻小于4 Ω，则应将焊机二次线圈一端的接地线或接零线暂时拆除，焊完后再恢复。

由于机床接零线较细，强大的焊接电流可能将其熔断，暂时拆除，待完成焊接工作之后再予以恢复

图3—5　焊件接地线或接零线暂时拆除

焊机与焊件的正确与错误的保护性接地与接零如图3—6所示。

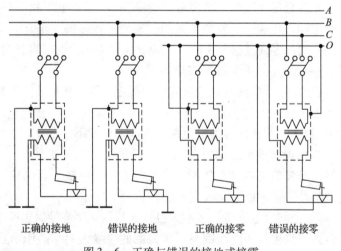

正确的接地　　错误的接地　　正确的接零　　错误的接零

图3—6　正确与错误的接地或接零

5）接地或接零的导线要有足够的截面积。接地线截面积一般为相线截面的1/3～1/2；接零线截面积的大小，应保证其容量（短路电流）大于离焊机最近处的熔断器额定电流的2.5倍，或者大于相应的自动开关跳闸电流的1.2倍。采用的铝线、铜线和钢丝的最小截面，

分别不得小于 6 mm²、4 mm²、12 mm²；接地或接零线必须用整根的，中间不得有接头。与焊机及接地体的连接必须牢靠，用螺栓拧紧。在有振动的地方，应当用弹簧垫圈、防松螺母等防松动措施，固定安装的焊机。上述连接应采用焊接。

6）所有焊接设备的接地（或接零）线，都不得串联接入接地体或零线干线。

7）接线顺序。连接接地线或接零线时，应首先将导线接到接地体上或零线干线上，然后将另一端接到焊接设备外壳上。拆除接地线或接零线的顺序则恰好与此相反，应先将接地（或接零）线从设备外壳上拆下，然后再解除与接地体或零线干线的连接，不得颠倒顺序。

2. 焊机漏电自动断电保护装置

电阻焊时，焊工需要在焊机接通电源处于启动状态的条件下夹持焊件，这是一项经常性的操作。并且一次线路为高电压状态，若出现焊机漏电必然会出现焊工操作的触电事故，因此，安装焊机漏电自动断电保护装置，可以避免触电危险。安全规则规定，焊机一般都应该装设焊机漏电自动断电保护装置。

3. 焊机的维护和检修

焊机必须平稳安放在通风良好、干燥的地方，焊机的工作环境应防止剧烈震动和碰撞。安放于室外的焊机，必须有防雨雪的棚罩等防护设施。焊机必须保持清洁干净，要经常清扫尘埃，避免损坏绝缘。在有腐蚀性气体和导电性尘埃的场所，焊机必须作隔离维护。受潮的焊机应用人工干燥方法进行维护，受潮严重时必须进行检修。焊机应半年进行一次例行维修保养，发现绝缘损坏等应及时检修。

七、触电急救

从事焊接操作的人员，有必要进行对触电者进行抢救基本方法的教育和训练。运用有效的紧急抢救措施，有可能把焊工从遭受致命电击的死亡边缘抢救回来。

焊工在地面、水下和登高作业时，可能发生低压（1 000 V 以下）和高压（1 000 V 以上）的触电事故。触电者的生命能否得救，在绝大多数情况下取决于能否迅速脱离电源和救护是否得法。下面着重讨论触电急救的要领。

1. 脱离电源

触电事故发生后，严重电击引起的肌肉痉挛有可能使触电者从线路或带电的设备上摔下来，但有时可能"冻结"在带电体上，电流则不断通过人体。为抢救后一种触电者，迅速脱离电源是首要措施。

（1）低压触电事故

1）电源开关或插座在触电地点附近时，可立即拉开开关或拔出插头，断开电源。但必须注意，拉线开关和平开开关只能断开一根线，此时有可能因没有切断相线，而不能断开电源。

2）如果电源开关或插座在远处，可用有绝缘柄的电工钳等工具切断电线（断开电源），或用干木板等绝缘物插入触电者身下，以隔断电流。

3）若电线搭落在触电者身上或被压在身下，可用干燥的绳索、木棒等绝缘物作为工具，拉开触电者或拨开电线，使触电者脱离电源。

4）如果触电者的衣服是干燥的，又没有紧缠在身上，可以用一只手抓住触电者的衣服，使其脱离电源。但因触电者的身体是带电的，鞋的绝缘也可能遭到破坏，救护人不得接触触电者的皮肤，也不能抓住他的鞋。

（2）高压触电事故

1）立即通知有关部门停电。

2）带上绝缘手套，穿上绝缘靴，采用相应电压等级的绝缘工具拉开开关或切断电线。

3）采用抛、掷、搭、挂裸金属线使线路短路接地，迫使保护装置动作，断开电源。但必须注意，金属线的一端应先可靠接地，然后抛掷另一端。抛掷的另一端不可触及触电者和其他人。

（3）注意事项

上述使触电者脱离电源的方法，应根据具体情况，以迅速而安全可靠为原则来选择采用，同时要遵循以下注意事项：

1）防止触电者脱离电源后可能的摔伤，特别是触电者在登高作业的情况下，应考虑防摔措施。即使着地，也要考虑触电者倒下的方向，防止摔伤。

2）夜间发生触电事故时，应迅速解决照明问题，以利于抢救，并避免扩大事故。

3）救护人在任何情况下都不可直接用手或其他金属或潮湿的物件作为救护工具，而必须使用适当的绝缘工具。救护人最好用一只手操作，以防自己触电。

2. 救治方法

触电急救最主要的、有效的方法是人工氧合，它包括人工呼吸和心脏挤压（即胸外心脏挤压）两种方法。

（1）人工呼吸法。人工呼吸法是在触电者伤势严重、呼吸停止时应用的急救方法。各种人工呼吸法中，以口对口人工呼吸法效果最好，而且简单易学，容易掌握。其操作要领是：

1）使触电者仰卧，将其头部侧向一边，张开触电者的嘴，清除口中的血块、假牙、呕吐物等异物；解开衣领使其呼吸道畅通；然后使头部尽量后仰，鼻孔朝天，下颚尖部与前胸部大致保持在一条水平线上。

2）使触电者鼻孔紧闭，救护人深吸一口气后紧贴触电者的口向内吹气，时长约 2 s。

3）吹气完毕，立即离开触电者的口并松开触电者的鼻孔，让他自行呼气，为时约 3 s。如此反复进行。

（2）心脏挤压法。如果触电者呼吸没停而心脏跳动停止了，则应当进行胸外心脏挤压。应使触电者仰卧在比较坚实的地面或木板上，与上述人工呼吸法的姿势相同，操作方法如下：

1）救护人跪在触电者腰部一侧或骑跪在他身上，两手相叠。手掌根部放在离心窝稍高一点的地方，即两乳头间稍下一点，胸骨下三分之一处。

2）掌根用力向下（脊背方向）挤压，压出心脏里面的血液。对成年人应压陷 3~4 mm，每秒钟挤压一次，每分钟挤压 60 次为宜。

3）挤压后掌根迅速全部放松，让触电者胸廓自动复原，血液充满心脏，放松时掌根不必完全离开胸廓。如此反复进行。

触电急救工作贵在坚持不懈，切不可轻率中止。急救过程中，如果触电者身上出现尸斑或僵冷，经医生做出无法救活的诊断后，方可停止人工氧合。

第三节　压焊作业防火防爆

压焊时，尤其气压焊操作常用氧—乙炔焰作为热源加热焊件，使用的多是明火，与可燃易爆物质和压力容器接触；还有爆炸焊操作等，存在着发生火灾和爆炸的危险性。火灾和爆炸不仅会毁坏设备，还很容易造成重大伤亡事故，有时甚至引起厂房倒塌，影响生产的顺利进行，使国家经济遭受重大损失。因此，预防火灾爆炸事故的发生，对保护工人安全和国家财产具有重要意义。

一、燃烧与火灾

1. 燃烧现象

我们知道，燃烧是一种放热发光的氧化反应，例如：

$$2H_2 + O_2 \xrightarrow{\text{燃烧}} 2H_2O + Q（热量）$$

最初，氧化被认为仅是氧气与物质的化合，但现在则被理解为凡是可使被氧化物质失去电子的反应，都属于氧化反应，例如氯和氢的化合，氯从氢中取得一个电子，因此，氯在这种情况下即为氧化剂。

$$H_2 + Cl_2 \xrightarrow{\text{燃烧}} 2HCl + Q（热量）$$

这就是说，氢被氯所氧化，并放出热量和呈现出火焰，此时虽然没有氧气参与反应，但发生了燃烧。又如铁能在硫中燃烧，铜能在氯中燃烧等。然而，物质和空气中的氧所起的反应毕竟是最普遍的，是火灾和爆炸事故最主要的原因。

2. 火灾

在生产过程中，凡是超出有效范围的燃烧都称为火灾。例如气压焊时或烧火做饭时，将周围的可燃物（油棉丝、汽油等）引燃，进而燃毁设备、家具和建筑物，烧伤人员等，这就超出了气压焊和做饭的有效范围。在消防部门有火灾和火警之分，其共同点都是超出了有效范围的燃烧，不同点是火灾系指造成人身和财产的一定损失，否则称为火警。

二、燃烧的类型

燃烧可分为自燃、闪燃和着火等类型，每一种类型的燃烧都有其各自的特点。我们研究防火技术，就必须具体地分析每一类型燃烧发生的特殊原因，这样才能有针对性地采取有效的防火与灭火措施。

1. 自燃

可燃物质受热升温而不需明火作用就能自行着火的现象称为自燃。引起自燃的最低温度称为自燃点，例如煤的自燃点为 320℃，氨为 780℃。自燃点越低，则火灾危险性越大。

根据促使可燃物质升温的热量来源不同，自燃可分为受热自燃和本身自燃。

（1）受热自燃。可燃物质由于外界加热，温度升高至自燃点而发生自行燃烧的现象，称为受热自燃。例如火焰隔锅加热引起锅里油的自燃。

（2）本身自燃。可燃物质由于本身的化学反应、物理或生物作用等所产生的热量，使温度升高至自燃点而发生自行燃烧的现象，称为本身自燃。本身自燃与受热自燃的区别在于热的来源不同，受热自燃的热来自外部加热，而本身自燃的热来自可燃物质本身化学或物理的热效应，所以亦称自热自燃。

由于可燃物质的本身自燃不需要外来热源，所以在常温下或甚至在低温下也能发生自燃。因此，能够发生本身自燃的可燃物质比其他可燃物质的火灾危险性更大。

在一般情况下，本身自燃的起火特点是从可燃物质的内部向外炭化、延烧，而受热自燃往往是从外向内延烧。能够发生本身自燃的物质主要有油脂、煤、硫化铁和植物产品等。

2. 闪燃

燃性液体的温度越高，蒸发出的蒸气亦越多。当温度不高时，液面上少量的可燃蒸气与空气混合后，遇着火源而发生一闪即灭（持续时间少于 5 s）的燃烧现象，称为闪燃。

燃性液体蒸发出的可燃蒸气足以与空气构成一种混合物，并在与火源接触时发生闪燃的最低温度，称为该燃性液体的闪点。闪点越低，则火灾危险性越大，如乙醚的闪点为 −45℃，煤油为 28～45℃。这说明乙醚比煤油的火灾危险性大，并且还表明乙醚具有低温火灾危险性。

3. 着火

可燃物质在某一点被着火源引燃后，若该点上燃烧所放出的热量，足以把邻近的可燃物层提高到燃烧所必需的温度，火焰就蔓延开。因此，所谓着火是可燃物质与火源接触而燃烧，并且在火源移去后仍能保持继续燃烧的现象。可燃物质发生着火的最低温度称为着火点或燃点，例如木材的着火点为 295℃，纸张为 130℃等。

可燃液体的闪点与燃点的区别是，在燃点时，燃烧的不仅是蒸气，而且是液体（即液体已达到燃烧温度，可提供保持稳定燃烧的蒸气）；在闪点时，移去火源后闪燃即熄灭，而在燃点时则能连续维持燃烧。

控制可燃物质的温度在燃点以下，是预防发生火灾的措施之一。在火场上，如果有两种燃点不同的物质处在相同的条件下，受到火源作用时，燃点低的物质首先着火。所以，存放燃点低的物质的方向通常是火势蔓延的主要方向。用冷却法灭火，其原理就是将燃烧物质的温度降低到燃点以下，使燃烧停止。

三、爆炸及其种类

爆炸是一种什么现象呢？例如在气压焊操作中一旦乙炔罐发生爆炸，人们会忽然听到一声巨响，会看到炸坏的罐体带着高温爆炸气体，火光和浓烟腾空而起。如果爆炸发生于室内还会有建筑物的破片向四处飞去等。由于爆炸事故是在意想不到的时候突然发生的，因此，人们往往认为爆炸是难以预防的，甚至从而产生一种侥幸心理。实际上，只要认真研究爆炸过程及其规律，采取有效的防护措施，那么，生产和生活中的这类事故是可以预防的。

1. 爆炸现象

广义地说，爆炸是物质在瞬间以机械功的形式释放出大量气体和能量的现象。爆炸发生时的主要特征是压力的急骤升高和巨大声响。

上述所谓"瞬间"就是说，爆炸的发生是在极短的时间内，例如乙炔罐里的乙炔与氧气混合气发生爆炸时，是在大约 1/100 s 内完成下列化学反应的：

$$2C_2H_2 + 5O_2 \xrightarrow{\text{爆炸}} 4CO_2 + 2H_2O + Q$$

同时释放出大量热量和二氧化碳、水蒸气等气体，能使罐内压力升高 10 ~ 13 倍，其爆炸威力可以使罐体上升 20 ~ 30 m。

爆炸克服地心引力将重物移动一段距离，即具有机械功。

2. 爆炸的分类

爆炸可分为物理性爆炸和化学性爆炸两类。

（1）物理性爆炸。是由物理变化（温度、体积和压力等因素）引起的。物理性爆炸的前后，爆炸物质的性质及化学成分均不改变。

物理性爆炸是蒸汽和气体膨胀力作用的瞬时表现，它们的破坏性取决于蒸汽或气体的压力。氧气钢瓶受热升温，引起气体压力增高，当压力超过钢瓶的极限强度时发生的爆炸，就是物理性爆炸。

（2）化学性爆炸。是物质在短时间内完成化学变化，形成其他物质，同时产生大量气体和能量的现象。例如爆炸焊用来制作炸药的硝化棉在爆炸时放出大量热量，同时生成大量气体（CO_2、H_2 和水蒸气等），爆炸时的体积竟会突然增大 47 万倍，燃烧在几万分之一秒内完成。

在焊接操作中经常遇到的可燃物质与空气混合物的燃烧爆炸性质。这类物质一般称为可燃性混合物，例如一氧化碳与空气的混合物，具有发生化学性爆炸危险性，其反应式为：

$$2CO + O_2 + 3.76N_2 \xrightarrow{\text{爆炸}} 2CO_2 + 3.76N_2 + Q$$

通常称可燃性混合物为有爆炸危险的物质，因为它们只是在适当的条件下，才变为危险的物质，这些条件包括可燃物质的含量，氧化剂含量以及点火能源等。

四、爆炸极限

1. 定义

可燃物质（可燃气体、蒸汽和粉尘）与空气（或氧气）必须在一定的浓度范围内均匀混合，形成预混气，遇着火源才会发生爆炸，这个浓度范围称为爆炸极限（或爆炸浓度极限）。例如，氢与空气混合物的爆炸极限为 4% ~ 75%，乙炔与空气混合物的爆炸极限为 2.2% ~ 81% 等。

可燃物质的爆炸极限受诸多因素的影响。温度越高，压力越大，氧含量越高，火源能量越大，可燃气体的爆炸极限越宽。

2. 单位

可燃气体和蒸气爆炸极限的单位，是以可燃气体和蒸汽在混合物中所占体积的百分比（%）即体积分数来表示的。

例如由一氧化碳与空气构成的混合物，在火源作用下的燃爆情况，见表 3—1 。

表 3—1　　　　　CO 混合物在火源作用下的燃爆情况

CO 在混合气中所占体积	燃爆情况
小于 12.5%	不燃不爆
12.5%	轻度燃爆
大于 12.5% 且小于 29%	燃爆逐渐加强
等于 29%	燃爆最强烈
大于 29% 且小于 80%	燃爆逐渐减弱
80%	轻度燃爆
大于 80%	不燃不爆

上面所列的混合比例及其相对应的燃爆情况，清楚地说明可燃性混合物有一个发生燃烧和爆炸的浓度范围，如一氧化碳与空气混合物的爆炸极限为 12.5% ~ 80%。这两者有时亦称为爆炸下限和爆炸上限，在低于爆炸下限和高于爆炸上限浓度时，可燃性混合物不爆炸，也不着火。混合物中的可燃物只有在这两个浓度界限之间，遇着火源，

才会有燃爆危险。

应当指出，可燃性混合物的浓度高于爆炸上限时，虽然不会着火和爆炸，但当它从容器或管道里逸出，重新接触空气时却能燃烧，仍有发生着火和爆炸的危险。

五、发生火灾爆炸事故原因及防范的基本理论

1. 火灾爆炸事故的一般原因

火灾和爆炸事故的原因具有复杂性。但焊接作业过程中发生的这类事故主要是由于操作失误、设备的缺陷、环境和物料的不安全状态、管理不善等引起的。因此，火灾和爆炸事故的主要原因基本上可以从人、设备、环境、物料和管理等方面加以分析。

（1）人的因素。对焊接作业发生的大量火灾与爆炸事故的调查和分析表明，有不少事故是由于操作者缺乏有关的科学知识、在火灾与爆炸险情面前思想麻痹、存在侥幸心理、不负责任、违章作业等引起的。在企业中一些设备本身存在易燃、易爆、有毒、有害物质，在动火前没有对设备进行全面吹扫、置换、蒸煮、水洗、抽加盲板等程序处理，或虽经处理但没达到动火条件，没进行检测分析或分析不准，而盲目动火，发生火灾、爆炸事故。

（2）设备的原因。例如，气压焊时所使用的氧气瓶、乙炔瓶都是压力容器，设备本身都具有较大的危险性，使用不当时，氧气瓶、乙炔瓶受热或漏气都易发生着火、爆炸事故；焊机回线（地线）乱接乱搭或电线接电线，以及电线与开关、电灯等设备连接处的接头不良，接触电阻增大，就会强烈发热，使温度升高引起导线的绝缘层燃烧，导致附近易燃物起火。

（3）物料的原因。可燃物质的自燃、各种危险物品的相互作用等。例如，气压焊所用的乙炔瓶、氧气瓶等，在烈日下暴晒，或在运输装卸时受剧烈震动、撞击等容易发生火灾、爆炸事故。

（4）环境的原因。例如，焊接作业现场杂乱无章，在操作现场附近10 m内存放易燃易爆物品，高温、通风不良、雷击等。

（5）管理的原因。规章制度不健全，没有合理的安全操作规程，没有设备的计划检修制度；焊割设备和工具年久失修；生产管理人员

不重视安全，不重视宣传教育和安全培训等。

2. 防火防爆技术基本理论

（1）防火技术的基本理论

根据燃烧必须是可燃物、助燃物和着火源这三个基本条件相互作用才能发生的道理，采取措施，防止燃烧三个基本条件的同时存在或者避免它们的相互作用，这是防火技术的基本理论。

例如，在汽油库里或操作乙炔瓶时，由于有空气和可燃物（汽油或乙炔）存在，所以规定必须严禁烟火，这就是防止燃烧的条件之———火源存在的一种措施。又如，安全规则规定乙炔瓶与氧气瓶之间的距离必须在 5 m 以上等。采取这些防火措施是为了避免燃烧三个基本条件的相互作用。

（2）防爆技术的基本理论

可燃物质爆炸的条件。可燃物质（可燃气体、蒸气和粉尘）发生爆炸需同时具备下列三个基本条件：

1）存在着可燃物质，包括可燃气体、蒸气或粉尘。

2）可燃物质与空气（或氧气）混合并且在爆炸极限范围内，形成爆炸性混合物。

3）爆炸性混合物在火源作用下。

对于每一种爆炸性混合物，都有一个能引起爆炸的最小点火能量，低于该能量，混合物就不爆炸。例如，氢气的最小点火能量为 0.017 mJ，乙炔为 0.019 mJ，丙烷为 0.305 mJ 等。

在焊接作业过程中，接触可燃气体、蒸气和粉尘的种类繁多，而且操作过程情况复杂，因此，需要根据不同的条件采取各种相应的防护措施。防止可燃物质爆炸的三个基本条件同时存在，是防爆技术的基本理论。

六、火灾爆炸事故紧急处理方法

1. 扑救初起火灾和爆炸事故的安全原则

（1）及时报警、积极主动扑救。焊接作业地点及其他任何场所一旦发生着火或爆炸事故，都要立即报警。在场的作业人员不应惊慌，而应沉着冷静，利用事故现场的有利条件（如灭火器材、干沙、水池等）积极主动地投入扑救工作，消防队到达后，亦应在统一指挥下协助和配合。

（2）救人重于救火的原则。火灾爆炸现场如果有人被围困，首要的任务就是把被围困的人员抢救出来。

（3）疏散物质、建立空间地带。将受到火势威胁的物质疏散到安全地带，以阻止火势的蔓延，减少损失。抢救顺序是，先贵重物质，后一般物质。

（4）扑救工作应有组织地有序进行，并且应特别注意安全，防止人员伤亡。

2.　电气火灾时的紧急处理

焊接作业场所发生电气火灾时的紧急处理方法主要有：

（1）禁止无关人员进入着火现场，以免发生触电伤亡事故。特别是对于有电线落地、已形成了跨步电压或接触电压的场所，一定要划分出危险区域，并有明显的标志和专人看管，以防误入而伤人。

（2）迅速切断焊接设备和其他设备的电源，保证灭火的顺利进行。其具体方法是：通过各种开关来切断电源，但关掉各种电气设备和拉闸的动作要快，以免拉闸过程中产生的电弧伤人；通知电工剪断电线来切断电源，对于架空线，应在电源来的方向断电。

（3）正确选用灭火剂进行扑救。扑救电气火灾的灭火剂通常有干粉、卤代烷、二氧化碳等，在喷射过程中要注意保持适当距离。

（4）采取安全措施，断电进行灭火。用室内消火栓灭火是常用的重要手段。为此，要采取安全措施，即扑救者要穿戴绝缘手套、胶靴，在水枪喷嘴处连接接地导线等，以保证人身安全和有效地进行灭火。在未断电或未采取安全措施之前，不得用水或泡沫灭火器救火，否则容易触电伤人。

3.　压焊设备着火的紧急处理

（1）气压焊时若氧气瓶着火，应迅速关闭氧气阀门，停止供氧，使火自行熄灭。如果邻近建筑物或可燃物失火，应尽快将氧气瓶搬出，转移到安全地点，防止受火场高热影响而爆炸。

（2）液化石油气瓶在使用或储运过程中，如果瓶阀漏气而又无法制止时，应立即把瓶体移至室外安全地带，让其逸出，直到瓶内气体排尽为止。同时，在气态石油气扩散所及的范围内，禁止出现任何火源。

如果瓶阀漏气着火，应立即关闭瓶阀。若无法靠近时，应立即用大量冷水喷注，使气瓶降温，抑制瓶内升压和蒸发，然后关闭瓶阀，切断气源灭火。

七、火灾爆炸事故紧急救护

1. 一般烧伤的紧急救护

一般烧伤会造成体液丧失，当受伤面暴露时，伤员易发生休克、感染等严重后果，甚至危及生命。所以应及时、正确地进行现场急救以减缓伤害，为医院抢救和治疗创造条件。

发生烧伤时，应沉着冷静，若周围无其他人员时，应立即自救，首先把烧着的衣服迅速脱下；若一时难以脱下，应就地到水龙头下或水池（塘）边，用水浇或跳入水中；周围无水源时，应用手边的材料灭火，防止火势扩散。自救时切忌乱跑，也不要用手扑打火焰，以免引起面部、呼吸道和双手烧伤。

（1）小面积或轻度烧伤。烧伤可根据伤及皮肤深度分为3度。1度为表皮烧烫伤，表现为局部干燥、微红肿、无水泡、有灼痛和感觉过敏。2度分为浅2度和深2度：伤及表皮和真皮层，局部红肿，且有大小不等的水泡形成为浅2度；皮肤发白或棕色，感觉迟钝，温度较低，为深2度。3度为全皮层皮肤烧烫伤，有的深达皮下脂肪、肌层，甚至骨骼。

小面积烧伤约为人体表面积的1%，深度为浅2度。小面积烧伤进行如下应急处理。

1）立即将伤肢用冷水冲淋或浸泡在冷水中，以降低温度，减轻疼痛与肿胀，如果局部烧烫伤较脏和污染时，可用肥皂水冲洗，但不可用力擦洗。如果眼睛被烧伤，应将面部浸入冷水中，并做睁眼、闭眼活动，浸泡时间应在10 min以上。如果是身体躯干烧伤，无法用冷水浸泡时，可用冷湿毛巾敷患处。

2）患处冷却后，用灭菌纱布或干净布巾覆盖包扎。视情况待其自愈或转送医院进行进一步治疗。不要用紫药水、红药水、消炎粉等药物处理。

（2）大面积或中度烧伤

1）局部冷却后对创面覆盖包扎。包扎时要稍加压力，紧贴创面不留空腔，如果烧伤后出现水泡破裂，又有脏物，可用生理盐水（冷开水）冲洗，并保护创面，包扎时范围要大一些，防止污染伤口。

2）注意保持呼吸道畅通。

3）注意及时对休克伤员进行抢救。

4）注意处理其他严重损伤，如止血、骨折固定等。

5）在救护的同时迅速转送医院治疗。

（3）呼吸道烧伤的抢救

1）保持呼吸道畅通。

2）颈部用冰袋冷敷，口内也可含冰块，以使收缩局部血管，减轻呼吸道梗阻。

3）立即转送医院进行进一步抢救。

2. 化学性烧伤的紧急抢救

（1）化学性烧伤

1）强酸烧伤。烧伤局部最初出现黄色或棕色，随后表现为棕褐色或黑绿色，皮肤发硬，皮肤出现焦痂。

2）强碱烧伤。烧伤局部皮肤黏滑或如肥皂样感觉，有时出现水泡，疼痛较剧烈。

3）磷烧伤。由于磷颗粒在皮肤上自燃，所以常起白烟，并有蓝色火焰，伤处剧烈疼痛，皮肤出现焦痂。

（2）体表烧伤的救护

1）立即脱下浸有强碱、强酸液的衣物。

2）立即用大量自来水或清水冲洗烧伤部位。反复冲洗直至干净，一般需冲洗 15～30 min，也可用温水冲洗。切忌在不冲洗的情况下就用酸性（或碱性）液中和，以免产生大量热加重烧伤程度。

3）如果被生石灰、电石灰等烧伤，应先将局部擦拭干净，然后再用大量清水冲洗。切忌在未清除干净就直接用水冲洗或泡入水中，以免遇水产热，加重烧伤。

4）可用中和剂中和，然后再用清水冲洗干净。如果被强碱类物质烧伤，可用食醋、3%～5%醋酸、5%稀盐酸、3%～5%硼酸等中和。如果被强酸类物质烧伤，用5%碳酸氢钠、1%～3%氨水、石灰水、上清液等中和清洗。

（3）眼睛烧伤的急救

在作业中，如果发生化学性眼睛烧伤，伤者或现场人员应立即抢救，不得拖延，具体方法如下。

1）眼睛中溅入酸液或碱液，由于这两种物质都有较强的腐蚀性，对眼角膜和结膜会造成不同程度的化学烧伤，发生急性炎症。这时千万不要用手揉眼睛，应立即用大量清水冲洗，冲洗时，可直接用水冲，也可将眼部浸入水中，双眼睁开或用手分开上、下眼皮，摆动头部或转动眼球3～5 min。水要勤换，以彻底清洗残余的化学物质。

2）如有颗粒状化学物质进入眼睛，应立即拭去，同时用水反复冲洗。

3）伤眼冲洗应立即进行，越快越好，越彻底越好。不要因为过分强调水质而延误时机，从而加重受伤程度。

（4）穿化纤服装烧伤的急救

穿化纤服装烧伤后，必须迅速妥善清理燃烧物，不留灰痕。因为粘在皮肤上，不易从人体皮肤上脱落，必然造成严重伤害（烧伤或中毒）。

3. 刺激性气体中毒的急救

（1）发生刺激性气体泄漏中毒事故应立即呼救，向上级有关部门报告并尽快组织疏散。

（2）对中毒人员立即组织抢救，进入现场的抢救人员应戴上防毒面具，以免自己中毒。

（3）立即将中毒者移至空气新鲜和流通的地方。

（4）立即脱去污染衣物，并用大量清水冲洗受污染皮肤。

（5）如有眼烧伤或皮肤烧伤，应按化学性烧伤的救护方法进行抢救。

（6）必要或有条件时应及早使用皮质激素，以减轻肺水肿。

（7）由于中毒者的主要危险是肺水肿以及喉头痉挛、水肿等，所以抢救人员应密切注意中毒者呼吸情况，采取一切措施保持呼吸道畅通。

（8）迅速送医院进行进一步抢救治疗。

4. 窒息性气体中毒的急救

窒息性气体是指能使血液的运氧气能力或组织的利用氧能力发生障碍，造成组织缺氧的有害气体。在生产和生活过程中较常见的窒息气体有一氧化碳、氮气、硫化氢和氰化物等。

（1）一氧化碳中毒的急救

1）在可能发生一氧化碳中毒的场所，如果感到头晕、头痛等不适，应立即意识到可能是一氧化碳中毒，要迅速自行脱离现场到空气新鲜的室外休息。

2）发现室内有人一氧化碳中毒时，应迅速打开门窗，并立即进行紧急处理，如关闭泄漏管道阀门等。

3）如果发现有较重伤员，迅速将其移到空气新鲜的室外。

4）抢救者进入高浓度一氧化碳的场所要特别注意自我保护（开启门窗和送风等，以改善室内空气条件）；尽量压低身体或匍匐进入，因一氧化碳较空气密度小，往往浮在上层，抢救者要戴防毒面具或采取其他安全措施（在现场严禁使用明火，预防激发能量引起爆炸事故）。

5）立即给中毒者吸氧。

6）如果中毒者呼吸停止，应立即进行人工呼吸。

7）有条件时给伤员注射呼吸兴奋剂。

8）迅速将伤员转送到医院进行进一步抢救治疗，尽可能将伤员送至有高压氧舱的医院，这是治疗一氧化碳中毒的最有效方法之一。

（2）硫化氢中毒的急救

1）当发现有人在硫化氢中毒现场昏倒，应意识到硫化氢中毒，不可盲目进入，应设法迅速将中毒者救出中毒现场，移到空气新鲜、通风良好的地方。

2）对呼吸、心跳停止者，立即进行口对口人工呼吸和胸外心脏按压。

3）有条件时给伤员吸氧或注射呼吸兴奋剂。

4）眼受刺激可用弱碱液体冲洗。

5）迅速护送至医院，进行进一步抢救治疗。

（3）氰化物中毒的急救

1）立即离开现场，迅速将中毒者移到空气新鲜的地方。

2）进入高浓度氰化物气体现场的抢救者必须戴防毒面具。

3）如果中毒者呼吸停止，应立即进行口对口人工呼吸帮助心脏复苏。

4）立即让中毒者吸入有关急救药品，并按要求使用。

5）立即给中毒者吸氧。

6）有条件时立即采用静脉注射的特效疗法。

7）对皮肤灼伤者可用高锰酸钾液冲洗，再用硫化铵液洗涤。

8）经口摄入者应立即用 1∶5 000 高锰酸钾水溶液洗胃。

9）在抢救的同时应迅速转送医院进行进一步抢救治疗。

第四节　化学品的安全使用

化学品多具有燃烧、爆炸、毒害、腐蚀及有害性，在生产制备、运输、储存、使用等过程中经常造成财产损失，甚至危害生命的安全事故。

一、危险化学品的分类

109 种化学元素，通过不同的组合形成约 60 余万种化学品，可分为无毒无害的食用化学品、一般化学品和危险化学品，其中危险化学品约有 3 万余种，有明显或潜在的危险性。按其危险特性，分为以下八大类：

第一类为爆炸品，指在外界作用（如受热、受压、撞压等）下，能发生剧烈的化学反应，瞬间产生大量的气体和热量，使周围压力急骤上升，发生爆炸，对周围环境造成破坏的物品。

第二类为压缩气体和液化气体，指压缩、液化或加压溶解的气体。

第三类为易燃液体，指易燃的液体、液体混合物或含有固体物质的液体。

第四类为易燃固体、自燃物品和遇湿易燃物品，指燃点低，对热、撞击、摩擦敏感，易被外部火源点燃，燃烧迅速，并可能散发出有毒烟雾或有毒气体的固体物质。

第五类为氧化剂和有机过氧化剂，指处于高氧化态具有强氧化性，易分解并放出氧和热量的物质。

第六类为有毒品，指进入机体后，累积达一定的量，能与体液和器官组织发生生物化学作用或生物物理反应，扰乱或破坏机体的正常生理功能，引起某些器官和系统暂时性或永久性的病理改变，甚至危及生命的物品。

第七类为放射性物品，指活度大于 7.4×10^4 Bq/kg 的物品。

第八类为腐蚀品，指能灼伤人体组织并对金属等物品造成损坏的固体或液体。

二、常用危险化学品的特性和安全措施

1. 强酸类

（1）盐酸（HCl）

1）盐酸的性质。盐酸是氯化氢气体的水溶液，常用的盐酸约含 35% 的氯化氢，密度是 1.19 g/cm^3。纯净的浓盐酸是没有颜色的透明液体，有刺激性气味。工业级的浓盐酸常因含有杂质而带黄色。浓盐酸在空气里会生成白雾，这是因为从盐酸中挥发出来的氯化氢气体跟空气里的水汽接触，形成盐酸小液滴的缘故。盐酸有很重的酸味和很强的腐蚀性。

2）危险情况。30% ~ 35% 浓度的盐酸会导致灼伤，刺激呼吸系统、皮肤、眼睛等。

3）安全措施。如果沾及眼睛或皮肤，立即用大量清水清洗，如觉不适应尽快就医诊治。

（2）硫酸（H$_2$SO$_4$）

1）硫酸的性质。纯净的浓硫酸是没有颜色、黏稠、油状的液体，不容易挥发。常用的浓硫酸浓度是 98%，密度是 1.84 g/cm^3，浓硫酸

具有很强的吸水性，跟空气接触，能吸收空气里的水分，所以它常用作某些气体的干燥剂。浓硫酸也能够夺取纸张、木材、衣物、皮肤（它们都是碳水化合物）里的水分，使它们碳化。所以硫酸对皮肤、衣物等有很强的腐蚀性。

硫酸很容易溶解于水，同时释放出大量的热，所以我们平时配制硫酸溶液时，溶液温度会升得很高。如果把水倒进浓硫酸里，水的密度比硫酸小，水就会浮在硫酸的上面，溶解时放出的大量热量会使水立刻沸腾，使硫酸液滴向四周飞溅。

2）危险情况。遇水即产生强烈反应，引致严重灼伤，并刺激呼吸系统、眼睛及皮肤。

3）安全措施。操作时穿戴适当的防护衣物、防护手套及面具。

为了防止发生事故，在稀释浓硫酸时，必须是把浓硫酸沿着器壁慢慢地注入水里，并不断搅拌，使产生的热量迅速扩散。切忌将水直接加进浓硫酸里。

如果不慎在皮肤或衣物上沾上硫酸，应立即用布拭去，再用大量的清水冲洗，并尽快就医诊治。

（3）硝酸（HNO_3）

1）硝酸的性质。纯净的硝酸是一种无色的液体，具有刺激性气味。常用的浓硝酸浓度是 68%，密度是 1.4 g/cm³。跟盐酸相似，在空气里也能挥发出 HNO_3 气体，跟空气里的水汽结合成硝酸小液滴，形成白雾。硝酸也会强烈腐蚀皮肤和衣物，使用硝酸的时候，要特别小心。

2）危险情况。若与可燃物接触可能引起火警，并引致严重灼伤。

3）安全措施。操作过程中，穿戴适当的防护衣物、防护手套及面具。切勿吸入烟雾、蒸汽、喷雾，如果沾及眼睛或皮肤，立即用大量清水清洗，并尽快就医诊治，并必须将所有受污染的衣物立即脱掉。

2. 强碱类

（1）氢氧化钠（NaOH）

1）氢氧化钠的性质。纯净的氢氧化钠是一种白色固体，极易溶解于水，溶解时放出大量的热量。氢氧化钠的水溶液有涩味和滑腻感，暴露在空气里的氢氧化钠容易吸收水汽而潮解。因此，氢氧化钠可用作某些气体的干燥剂。氢氧化钠有强烈的腐蚀性。因此，它又叫苛性钠、火碱或烧碱。

2）危险情况。如果操作不当，会引致严重灼伤，刺激呼吸道、皮肤及眼睛。

3）安全措施。在接触氢氧化钠时，一定要穿戴适当的防护衣物、防护手套及面具。操作时，必须十分小心，防止皮肤、衣物的直接接触。如果不慎沾及皮肤或眼睛，立即用大量清水清洗，并尽快就医诊治。并必须将所有受污染的衣物立即脱掉，防止引致灼伤。

（2）氨水（NH_4OH）

1）氨水的性质。纯净的氨水是无色液体，工业级制品因含杂质而呈浅黄色，常用氨水的浓度工业级一般为20%~25%，试剂级为28%~30%。氨水易分解、挥发，放出氨气。氨气是一种有强刺激性的气体。氨水在浓度大、温度高时，分解、挥发得更快。氨水对多种金属有腐蚀作用。

2）危险情况。工作中，若操作不当会引致严重灼伤，有刺激呼吸系统、眼睛及皮肤的危险。

3）安全措施。在运输和储存氨水时，一般要用橡皮桶、陶瓷坛或内涂沥青的铁桶等耐腐蚀的容器，容器必须上盖。避免接触皮肤和眼睛，如果沾及皮肤和眼睛，应立即用大量清水清洗，并尽快就医诊治。

3. 强氧化剂类

常用的强氧化剂有过氧化氢（双氧水）、高锰酸钾、过硫酸盐等。这些强氧化剂对皮肤具有强腐蚀性，且气味刺激性大，使用时必须佩戴防护用品，同时大多数强氧化剂是易燃品，使用和储存都应注意远离火源。

（1）危险情况。强氧化剂与可燃物接触会引致严重灼伤，可能引起火警。如果吞食会对人体造成伤害。

（2）安全措施。装有强氧化剂的容器，应有标签标识，使用时必须佩戴防护手套，穿戴适当的防护衣物和面具。如果沾及眼睛或皮肤，应立即用大量清水清洗，并尽快就医诊治，误吞食后立即就医诊治。

4. 有机溶剂类

有机溶剂多属有毒物质，常见的有机溶剂有亚司通、洗网水、防白水、开油水、丙酮、异丙醇等，其挥发性强，刺激性气味大，通过皮肤接触或呼吸道吸入可能会导致过敏甚至中毒。

（1）危险情况。有机溶剂具有极强的刺激性气味，如果吸入呼吸道，会导致中毒，若接触皮肤会出现过敏病症。由于具有很强的挥发性和可燃性，有机溶剂高度易燃。

（2）安全措施。有机溶剂为易燃物品，容器必须盖紧，并存放在通风地方，平时要在低温条件下储存，切勿靠近火源或高温区。储存有机溶剂地域必须设有不准吸烟标志。

三、危险化学药品的安全使用原则

1. 劳保用品主要用来防护人员的眼睛、呼吸道和皮肤直接受到有害物质的伤害。常用的劳保用品有耐酸碱橡胶手套、耐酸碱胶鞋、护目镜、面罩、胶围裙、防尘口罩、防毒口罩等。

2. 使用有强腐蚀性、强氧化性的化学品时，必须佩戴好耐酸碱胶手套、耐酸碱胶鞋、护目镜、面罩和胶围裙等劳保用品。倒药水时，容器口不能正对自己和他人。

3. 使用有挥发性、刺激性和有毒的化学品时，必须佩戴好耐酸碱胶手套和防毒口罩，并打开门窗，使现场通风良好。

4. 使用不明性质的任何化学品时，不能直接用手去拿，不能直接用鼻子去闻，更不能用口去尝。

5. 储存时，酸碱要分开。具有强氧化性和具有还原性的物质要分开，易燃物质要远离火源和热源。搬运化学药品时，需先检查运输车是否完好，液体化学品必须单层摆放，工作人员也必须穿戴耐酸碱手套、围裙、穿耐酸胶鞋等劳保用品。

6. 在使用过程中，如果发现有头晕、乏力、呼吸困难等症状，即表示可能有中毒现象，应立刻离开现场到通风的地方，必要时送医院诊治。

四、化学性烧伤的现场处理

化学危险品具有易燃、易爆、有腐蚀性、有毒等特点，在生产、储存、运输和使用过程中容易发生意外。由于热力作用，化学刺激或腐蚀造成皮肤、眼睛的烧伤，有的化学物质还可以从创面吸收甚至引起全身性中毒，所以对化学烧伤比开水烫伤或火焰烧伤更要重视。

1. 化学性皮肤烧伤的现场处理

（1）立即移离现场，迅速脱去被化学品污染的衣物等。

（2）酸碱或其他化学物烧伤，立即用大量流动自来水或清水冲洗创伤面 15~30 min。

（3）新鲜创面上不要任意涂上油膏或红药水、紫药水，不要用脏布包裹。

2. 化学性眼睛烧伤的现场处理

（1）迅速在现场用流动清水冲洗，千万不要未经冲洗处理而急于送医院。

（2）冲洗时眼皮一定要翻开，若无冲洗设备，也可把头部浸入清洁的水中，把眼皮翻开，眼球来回转动进行洗涤。

（3）生石灰、烧碱颗粒溅入眼内，应先用棉签去除颗粒后，再用清水冲洗。

五、标识危险性质和危险标签

在储存有危险化学品的容器、现场以及装有危险化学品的运输车辆等，应有针对性的标识危险性质和危险标签（见表3—2），以进行安全提示。

表3—2　　　　　　　常见危险性质和危险标签

危险性质	危险标签
爆炸性 　一种遇火焰便会爆炸或震荡和摩擦有较二硝基苯更强烈反应的反应物质	EXPLOSIVE 爆炸性

危险性质	危险标签
助燃 　一种和其他物质特别是易燃物质接触便会引起强烈放热反应的特质	OXIDIZING 助燃
易燃 　拥有以下特性的物质 　1. 没有使用任何能源的情况下，与周围空气接触便会过热，结果着火 　2. 遇火源很容易着火，并且移离火源后继续燃烧或耗用的固体 　3. 常压下，于空气中引起过热或燃烧的气体 　4. 水或湿气接触便会产生高度易燃气体，这种气体足以产生危险 　5. 一种闪点低于66℃的液体	FLAMMABLE 易燃
有毒 　将这种物质吸入、咽下或经皮肤透入体内，可能对健康构成急性或慢性的危险，甚至死亡	TOXIC 有毒
有害 　将这种物质吸入、咽下或经皮肤透入体内，可能对健康产生一定的影响	HARMFUL 有害
腐蚀性 　如果和这种物质接触，这种物质可能会严重破坏细胞组织	CORROSIVE 腐蚀性

续表

危险性质	危险标签
刺激性 　　一种非腐蚀性物质，如果这种物质直接、长期或重复和皮肤、黏膜接触，便会引起发炎	 IRRITANT 刺激性

第五节　压焊作业中作业有害因素的来源及危害

　　压焊作业中所采用的各种焊接方法会产生某些有害因素。不同的工艺，其有害因素亦有所不同，大体有弧光辐射、焊接烟尘、有毒气体、高频电磁辐射、噪声和热辐射等。单一有害因素存在的可能性很小，若干有害因素会同时存在，对人体的毒性作用倍增。因此，了解有害因素的来源及危害，就显得十分必要，以便采取有针对性的卫生防护措施。

一、弧光辐射来源及其危害

　　焊接过程中的弧光辐射由紫外线、可见光和红外线等组成。它们是由于物体加热而产生的，属于热线谱。例如，在生产的环境中，凡是物体的温度达到 1 200℃，辐射光谱中即可出现紫外线。紫外线可分为长波、中波和短波三部分。长波波长为 400～320 nm，中、短波波长为 320～180 nm。长波紫外线对全身生物学作用，以及对眼睛的影响都比较弱，仅在某种程度上对结膜及水晶体有些作用。中、短波紫外线，主要被角膜、房水和水晶体所吸收，波长 320～250 nm 的紫外线在结膜和角膜上起反应，特别是 280～265 nm 的紫外线，可大量被角膜与结膜上皮所吸收，使组织分子改变其运动状态，从而产生急性的角膜炎、结膜炎，这种由电弧焊弧光反射的紫外线所引起的角膜炎、结膜炎，就叫做"电光性眼炎"。

一般说来，电光性眼炎的损伤程度与照射时间和电流强度成正比，与和照射源的距离平方成反比。例如距离 2 m，受弧光照射 20 s，即可发生电光性眼炎；如果距离 15 m，则 17 min 可发病。另外也与弧光的投射角度有关。弧光与角膜成直角照射时的作用最大，反之，角度越偏斜，作用也就越小。

电光性眼炎发病有一段潜伏期。一般在受到紫外线照射后 6 ~ 8 h 发病，如果照射量过大，可短至 30 min 后即发病。但潜伏期最长不超过 24 h。

电光性眼炎恢复后，一般无后遗症，但少数可并发角膜溃疡、角膜浸润以及角膜遗留色素沉着。

轻症早期仅有眼部异物感和不适，重症则有眼部烧灼感和剧痛、羞明、流泪、眼睑痉挛、视物模糊不清，有时伴有鼻塞、流涕症状。检查可发现眼睑充血水肿、球结膜混合充血、水肿、瞳孔痉挛性缩小、眼睑和四周皮肤呈红色，可能有水泡形成。角膜上皮有点状或片状剥脱，荧光素染色后可见角膜有弥漫性点状着色。

轻症患者，大部分症状约 12 ~ 18 h 后，可自行消退，1 ~ 2 天内即可恢复。重症患者，病情持续时间较久，可长达 3 ~ 5 天。

屡次重复照射，可引起慢性睑缘炎和结膜炎，甚至产生类似结节状角膜炎的角膜变性，使视力明显下降。个别情况还可影响视网膜。短暂而重复的紫外线照射，可产生累积作用，其结果与一次较久的照射并无本质的差异。

二、焊接烟尘和有毒气体的来源及其危害

爆炸焊接的炸药为非零氧平衡炸药，即当炸药为负氧平衡时，由于氧量不足，CO_2 易被还原成 CO；当炸药为正氧平衡时，多余的氧原子在高温、高压下易同氮原子结合生成氮氧化物。

尤其当炸药受潮或混合不均匀时，实际炸药爆轰往往有部分反应不完全，爆轰产物偏离预期的结果，这样必将产生较多的有毒气体。

爆炸焊接产生毒气的种类与炸药的种类、炸药的受潮程度、药框及缓冲层的材料等有关。当使用硝铵类炸药时，一般会生成 NO、

NO_2、N_2O_3、H_2S、CO 和少量的 HCl 等有毒气体。

氮氧化物属于具有刺激性的有毒气体。氮氧化物对人体的危害，主要是对肺有刺激作用。氮氧化物具有水溶性，被吸入呼吸道后，由于黏膜表面并不十分潮湿，对上呼吸道黏膜刺激不大，对眼睛的刺激也不大，一般不会立即引起明显的刺激性症状。但高浓度的二氧化氮吸入肺泡后，由于湿度增加，反应也加快，在肺泡内约可滞留 80%，逐渐与水作用形成硝酸与亚硝酸（$3NO_2 + H_2O \longrightarrow 2HNO_3 + NO$；$2NO_2 + H_2O \longrightarrow HNO_3 + HNO_2$），对肺组织有强烈刺激作用及腐蚀作用，可增加毛细血管及肺泡壁的通透性，引起肺水肿。

我国卫生标准规定，氮氧化物的最高允许浓度为 5 mg/m^3。氮氧化物对人体的作用也是可逆的，随着脱离作业时间的增长，其不良影响会逐渐减少或消除。

在焊接实际操作中，氮氧化物单一存在的可能性很小，一般都是臭氧和氮氧化物同时存在，因此它们的毒性倍增。一般情况下，两种有害气体同时存在比单一有害气体存在，对人体的危害作用提高 15～20 倍。

一氧化碳（CO）是一种窒息性气体，对人体的毒性作用是使氧在体内的运输或组织利用氧的功能发生障碍，造成组织、细胞缺氧，表现出缺氧的一系列症状和体征。一氧化碳（CO）经呼吸道进入体内，由肺泡吸收进入血液后，与血红蛋白结合成碳氧血红蛋白。一氧化碳（CO）与血红蛋白的亲和力比氧与血红蛋白的亲和力大 200～300 倍，而离解速度又较氧合血红蛋白慢得多（相差 3 600 倍），减弱了血液的带氧能力，使人体组织缺氧坏死。

轻度中毒时表现为头痛、全身无力，有时呕吐、足部发软、脉搏增快、头昏等。中毒加重时表现为意识不清并转成昏睡状态。严重时发生呼吸及心脏活动障碍，大小便失禁，反射消失，甚至能窒息致死。

我国卫生标准规定，一氧化碳（CO）的最高允许浓度为 30 mg/m^3。对于作业时间短暂的，可予以放宽。

氟化氢可被呼吸道黏膜迅速吸收，亦可经皮肤吸收而对全身产生毒性作用。吸入较高浓度的氟化氢气体或蒸气，可立即产生眼、鼻和呼吸道黏膜的刺激症状。引起鼻腔和咽喉黏膜充血、干燥、鼻腔溃疡等。严重时可发生支气管炎、肺炎等。

我国卫生标准规定，氟化氢的最高允许浓度为 1 mg/m^3。

三、高频电磁辐射的来源及其危害

高频焊时，主要在于高频焊电源产生的高频电磁场影响人身安全，人体在高频电磁场的作用下，能吸收一定的辐射能量，产生生物学反应，这就是高频电磁场对人体的"致热作用"。此"致热作用"对人体健康有一定影响，长期接触场强较大高频电磁场的工人，会引起头晕、头痛、疲乏无力、记忆减退、心悸、胸闷、消瘦和神经衰弱，血压早期可有波动，严重者血压下降或上升（以血压偏低为多见），白细胞总数减少或增多，并出现窦性心律不齐、轻度贫血等。

四、噪声的来源及其危害

噪声存在于一切焊接工艺中，其中以爆炸焊的噪声强度更高。噪声已经成为某些焊接工艺中存在的主要职业性有害因素。

噪声对人的危害程度，与下列因素有直接关系：噪声的频率及强度，噪声频率越高，强度越大，危害越大；噪声源的性质，在稳态噪声与非稳态噪声中，稳态噪声对人体作用较弱；暴露时间，在噪声环境中暴露时间越长，影响越大。此外，还与工种、环境和身体健康情况有关。

噪声在下列范围内不致对人体造成危害：频率小于 300 Hz 的低频噪声，容许强度为 90 ~ 100 dB（A）；频率在 300 ~ 800 Hz 的中频噪声，容许强度为 85 ~ 90 dB（A）；频率大于 800 Hz 的高频噪声，容许强度为 75 ~ 85 dB（A）。噪声超过上述范围时将造成如下伤害：

1. 噪声性外伤

突发性的强烈噪声，如爆炸、发动机启动等，能使听觉器官突然遭受到极大的声压而导致严重损伤，出现眩晕、耳鸣、耳痛、鼓膜内凹、充血等症状，严重者造成耳聋。

2. 噪声性耳聋

这是由于长期连续的噪声而引起的听力损伤，是一种职业病，有两种表现。一种是听觉疲劳，在噪声作用下，听觉变得迟钝、敏感度降低等，脱离环境后尚可恢复；另一种是职业性耳聋，症状为耳鸣、耳聋、头晕、头痛，也可能出现头胀、失眠、神经过敏、幻听等症状。

3. 对神经、血管系统的危害

噪声作用于中枢神经，可导致神经紧张、恶心、烦躁、疲倦。噪声作用于血管系统，可导致血管紧张、血压增高，心跳及脉搏改变等。

五、热辐射的来源及其危害

焊接过程是应用高温热源加热金属进行连接的，所以在施焊过程中有大量的热能以辐射形式向焊接作业环境扩散，形成热辐射。

热压焊、高频焊等在焊接过程中产生的大量热辐射被空气媒质、人体或周围物体吸收后，这种辐射就转化为热能。

某些材料的焊接，要求施焊前必须对焊件预热。预热温度可达150～700℃，并且要求保温。所以预热的焊件，不断向周围环境进行热辐射，形成一个比较强大的热辐射源。

焊接作业场所由于对焊件加热、焊件预热等热源的存在，空气温度升高，其升高的程度主要取决于热源所散发的热量及环境散热条件。在窄小空间焊接时，由于空气对流散热不良，将会形成热量的蓄积，对机体产生加热作用。另外，在某一作业区若有多台焊机同时施焊，由于热源增多，被加热的空气温度就更高，对机体的加热作用就将加剧。

研究表明，当焊接作业环境气温低于15℃时，人体的代谢增强；当气温在15～25℃时，人体的代谢保持基本水平；当气温高于25℃时，人体的代谢稍有下降；当气温超过35℃时，人体的代谢将又变得强烈。总的看来，在焊接作业区，影响人体代谢的主要因素有气温、气流速度、空气的湿度和周围物体的平均辐射温度。在我国南方地区，环境空间气温在夏季很高，且多雨，湿度大，尤其应注意因焊接加热局部环境空气的问题。

焊接环境的高温，可导致作业人员代谢机能的显著变化，引起作业人员身体大量地出汗，导致人体内的水盐比例失调，出现不适应症状，同时，还会增加人体触电的危险性。

第六节　压焊作业劳动卫生防护措施

一、弧光辐射防护

电阻闪光对焊作业人员，必须使用镶有特制护目镜片的面罩或眼镜。近来研制生产的高反射式防护镜片，是在吸收式滤光镜片上镀铬—铜—铬三层金属薄膜制成的，能将弧光反射回去，避免了滤光镜片将吸收的辐射光线转变为热能的缺点。使用这种镜片，眼睛感觉较凉爽舒适，防止弧光辐射伤害的效果较好，目前正在推广应用。光电式镜片是利用光电转换原理制成的新型护目滤光片，由于在起弧时快速自动变色，能消除弧光"打眼"带来的焊接缺陷，防护效果好。

为保护焊接工作地点其他生产人员免受弧光辐射伤害，可采用防护屏。防护屏宜采用布料涂上灰色或黑色漆制成，临近施焊处应采用耐火材料（如石棉板、玻璃纤维布、铁板等）做屏面。

为防止弧光灼伤皮肤，焊工必须穿好工作服，戴好手套，戴好鞋盖。

二、焊接烟尘和有毒气体防护

1. 通风技术措施

通风技术措施的作用是把新鲜空气送到作业场所并及时排除工作时所产生的有害物质和被污染的空气，使作业地带的空气条件符合卫生学的要求。创造良好的作业环境，是消除焊接尘毒危害的有力措施。

按空气的流动方向和动力源的不同，通风技术一般分为自然通风与机械通风两大类。自然通风可分为全面自然通风和局部自然通风两类。机械通风是依靠通风机产生的压力来换气，可分为全面机械通风和局部机械通风两类。

全面通风是焊接车间排放电焊烟尘和有毒气体的辅助措施。

焊接工作地点的局部通风有局部送风和局部排风两种形式。

（1）局部送风。局部送风是把新鲜空气或经过净化的空气送入焊接工作地带。它用于送风面罩、口罩等，有良好的效果。目前有些单位在生产上仍采用电风扇直接吹散电焊烟尘和有毒气体的送风方法，尤其多见于夏天。这种局部送风方法，只是暂时地将弧焊区的有害物质吹走，仅起到一种稀释作用，但是会造成整个车间的污染，达不到排气的目的。局部送风使焊工的前胸和腹部受电弧热辐射作用，后背受冷风吹袭，容易引发关节炎、腰腿痛和感冒等疾病。所以，这种通风方法不应采用。

（2）局部排风。局部排风是效果较好的焊接通风措施，有关部门正在积极推广。

根据焊接生产条件的不同，目前用于局部排风装置的结构形式较多，以下介绍可移式小型排烟机组和气力引射器。

可移式小型排烟机组如图 3—7 所示。它是由小型离心风机、通风软管、过滤器和吸风头组成的。

气力引射器如图 3—8 所示。其排烟原理是利用压缩空气从主管中高速喷射，造成负压区，从而将电焊烟尘有毒气体吸出，经过滤净化后排出室外。它可以应用于容器、锅炉等焊接，将污染气体进口插入容器的孔洞（如入孔、手孔、顶盖孔等）即可，效果良好。

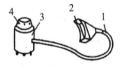

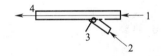

図 3—7　可移式小型排烟机组　　　　图 3—8　气力引射器
　1—通风软管　2—吸风头　　　　1—压缩空气进口　2—污染气体进口
3—离心风机过滤器　4—出气孔　　　　3—负压区　4—排出口

2. 个人防护措施

加强个人防护措施，对防止焊接时产生的有毒气体和粉尘的危害具有重要意义。

个人防护措施是使用包括眼、耳、口鼻、身各个部位的防护用品以达到确保焊工身体健康的目的，其中工作服、手套、鞋、眼镜、口罩、头盔和护耳器等属于一般防护用品。实践证明，个人防护这种措施是行之有效的。

三、高频电磁辐射防护措施

因为高频电磁场对人体和周围物体都有作用，可使周围金属发热，可使人体细胞组织产生振动，引起疲劳、头晕等症状，应当采取以下安全防护措施。

1. 焊件良好接地

施焊焊件良好接地，能减小高频电流，这样可以降低电磁辐射强度。

2. 加装接地屏蔽

对高频设备裸露在机壳外面的各高频导体，需用接地薄铝板或铜板加以屏蔽，使工作场地的电场强度不大于 40 V/m。因为加装接地屏蔽能使高频电场局限在屏蔽内，可大大减少对人体的影响。

3. 降低作业现场的温度、湿度

作业现场的环境温度和湿度，与高频辐射对人体的不良影响具有直接的关系。温度越高，人体所表现的症状越突出；湿度越大，越不利于人体的散热，也不利于作业人员的身体健康。所以，加强通风降温，控制作业场所的温度和湿度，是减小高频电磁场对人体影响的一个重要手段。

四、噪声防护

对于爆炸焊、摩擦焊、电阻焊等焊接的作业人员，必须对噪声采取防护措施。

1. 现场操作者需佩戴隔音耳罩或隔音耳塞等个人防护器具。耳罩的隔音效能优于耳塞，但体积较大，戴用时稍感不便。

2. 爆炸焊接作业，避免在早晨或深夜进行，以避免扰民和大气效应所引起的噪声增加。

3. 爆炸焊时，若有必要可将爆炸焊焊接装置置于事先挖好的深坑中，装药完成后，用废旧胶等将坑封口，胶带上覆盖以湿土或湿沙（注意土或沙中不能夹杂小石子），以减小噪声的影响。

4. 摩擦焊、电阻焊的工作场所在房屋结构、设备等处采用吸声或隔音材料。采用密闭罩施焊时，可在屏蔽上衬以石棉等消声材料，有一定的防噪效果。

五、热辐射防护

为了防止有毒气体、粉尘的污染，一般焊接作业现场均设置有全面自然通风与局部机械通风装置，这些装置对降温亦起到良好的作用。

预热焊件时，为避免热辐射的危害，可将炽热的金属焊件用石棉板一类的隔热材料遮盖起来，仅仅露出施焊的部分，这在很大程度上减少了热辐射。

此外，在工作车间的墙壁上涂覆吸收材料，在必要时设置气幕隔离热源等，都可以起到降温的作用。

第四章　压焊安全操作训练

训练项目1　焊接作业中的安全用电

一、操作准备

1. 压焊焊机及工具

电阻焊机、电容储能焊机及工具。

2. 焊接辅助用具及劳动保护用品

扳手、克丝钳、螺丝刀及劳动保护用品等。

3. 焊接操作现场

二、操作步骤

1. 工作前要穿戴好劳动保护用品

工作前穿戴好工作服、绝缘手套、绝缘鞋等。绝缘手套应用较柔软的皮革或帆布制作。绝缘手套是焊工防止触电的基本用具，应保持完好和干燥。

在工作时不应穿有铁钉的鞋或布鞋，因布鞋极易受潮导电，焊工必须穿绝缘鞋。工作服为白帆布工作服。

2. 做好设备安全检查工作

（1）检查焊机外壳一定要良好接地，接地线连接要牢靠。

（2）作业前，要清除焊机的上、下两电极的油污。

（3）启动电阻焊设备前，应先接通控制线路的转向开关和焊接电流的小开关，调整好极数，再接通水源、气源，最后接通电源。

（4）采用启动器启动的焊机，必须先合上电源开关，再启动焊机。推拉闸刀开关时，必须戴皮手套。同时，操作者的头部需偏斜些，以防弧火灼伤脸部。

3. 检查焊接电缆

检查焊机电缆外皮的绝缘情况，如有无破损，若电阻焊、摩擦焊等供气、供水系统有漏气、漏水现象，很容易造成安全事故。必须经过安全检查后才可进行工作。

4. 焊接实际操作

（1）焊机通电后，应检查电气设备、操作机构、冷却系统、气路系统及机体外壳有无漏电现象。电极触头应保持光洁，有漏电时，应立即更换。

（2）在检修控制箱中的高压部分时，必须拉开总配电开关，并挂上"有人操作，不准合闸"的标牌，电容储能焊机如果采用高压电容，则应加装门开关，在开门后自动切断电源，开机门后，还需用放电棒使各电容器组放电。只准在放电后，才开始具体检修操作。

（3）现场使用的是焊机，应设有防雨、防潮、防晒的机棚，并应装设相应的消防器材。

（4）雨天不得露天电焊。在潮湿地带作业时，操作人员应站在铺有绝缘物品的地方。

（5）当焊接结束时，清理焊接现场，在离开工作场所时，要关闭焊机电源开关，切断总电源。

作业项目 2　正确使用焊接设备

一、操作准备

1. 电阻焊机、气瓶及工具

电阻焊机，气压焊用氧气瓶、乙炔瓶，氧气、乙炔减压器，气压焊加热器，氧、乙炔胶管。

2. 焊接辅助用具及劳动保护用品

克丝钳、扳手、打火机、护目镜、劳动保护用品等。

3. 焊接操作现场

二、正确使用焊接设备

1. 检查焊机一次端

（1）焊机必须装有独立的专用电源开关，其容量应符合要求，当焊机超负荷时，应能自动切断电源。禁止多台焊机共用一个电源开关。

（2）焊机必须有防雨雪的防护设施。必须将焊机平稳地安放在通风良好、干燥的地方，不准靠近高热及易燃易爆危险的环境。

（3）焊机后面板连接一根三相380 V电源的三芯电缆，要检查其焊机外壳是否安设接地或接零线，连接是否牢靠；并且要查看焊接线路端，各接线点的接触是否良好。

（4）焊机的一次电源线，长度不宜超过2 m，当需要较长的电源线时，应沿墙隔离布设，与墙壁之间的距离应大于20 cm，其高度必须距地面2.5 m以上，不允许将电源线拖在地面上。避免焊机电源线过长并跨门而过，这种布设方法，一旦电缆被门挤破而漏电，就会造成意外事故。

（5）当发生故障时，应立即切断焊机电源，及时进行检修。

2. 安全使用压焊设备

焊机作为供电设备，安装、修理和检查必须由电工进行，焊工不得自己拆修设备。在使用过程中，既要保证焊机的正常运行，防止焊机损坏，又要避免发生人身触电事故。

（1）采用启动器启动的焊机，必须先合上电源开关，再启动焊机。推拉闸刀开关时，必须戴皮手套。同时，焊工的头部需偏斜些，以防弧光灼伤脸部。

（2）焊机有短路隐患，不得启动焊机，以免短路电流过大烧坏焊机，需切断电源检修焊机。

（3）应按照焊机的额定焊接电流和负载持续率来使用，不要使焊机因过载而损坏。

（4）工作完毕或临时离开工作现场时，必须及时拉断焊机的电源。

三、正确使用切割设备

1．正确存放与运输气瓶

（1）气瓶要存放在专用的气瓶库房内。若夏季在室外作业，使用气体时要将气瓶放在阴凉地点或采取防晒措施，避免阳光的强烈照射。

（2）储运时，气瓶的瓶阀应戴安全帽，防止瓶阀损坏而发生事故，并禁止吊车吊运氧气瓶。气瓶要装防震圈，搬运中应轻装轻卸，避免受到剧烈震动和撞击，尤其对于乙炔瓶，剧烈的振动和撞击，会使瓶内填料下沉形成空洞，影响乙炔的储存甚至造成乙炔瓶爆炸。

（3）氧气瓶应与其他易燃气瓶、油脂和其他易燃物品分开保存，严禁与乙炔等可燃气体的气瓶混放在一起，必须保证规定的安全距离。

2．正确使用气瓶

（1）现场使用的氧气瓶应尽可能垂直立放，或放置到专用的瓶架上，或放在比较安全的地方，以免倾倒发生事故，只有在特殊情况下才允许卧放，但瓶头一端必须垫高，并防止滚动。

乙炔瓶在使用时只能直立放置，不能横放。否则会使瓶内的丙酮流出，甚至会通过减压器流入乙炔胶管和焊炬内，引起燃烧或爆炸。建议氧气瓶与乙炔瓶用小车运送，并且直接放在小车上进行使用，安全可靠。

（2）在使用氧气时，切不可将粘有油迹的衣服、手套和其他带有油脂的工具、物品与氧气瓶阀、氧气减压器、焊炬、氧气胶管等相接触。

（3）开启氧气阀门时，要用专用工具，开启速度要缓慢，人应在瓶体一侧且人体和面部应避开出气口及减压器的表盘，应观察压力表指针是否灵活正常。

使用时，如果把手轮按逆时针方向旋转，则开启瓶阀，顺时针旋转则关闭瓶阀。在开启和关闭氧气瓶阀时避免用力过猛。

（4）安装减压器之前要稍打开氧气瓶阀，吹出瓶嘴污物，以防将灰尘和水分带入减压器，氧气瓶阀开启时应将减压器调节螺栓放松。

（5）冬季操作瓶阀冻上时，可用热水或蒸汽加热解冻，严禁敲击和火焰加热。

（6）氧气瓶中的氧气不允许全部用完，剩余压力必须留有 0.1 ~ 0.2 MPa，乙炔瓶低压表的读数为 0.01 ~ 0.03 MPa，并将阀门拧紧，写上"空瓶"标记，以便充气时便于鉴别气体性质及吹除瓶阀内的杂质，还可以防止使用中可燃气体倒流或空气进入瓶内。

（7）禁止使用乙炔管道、氧气瓶作为试压和气动工具的气源，做与焊接、气割无关的事情，如使用氧气打压充气、用氧气代替压缩空气吹净工作服、将氧气用于通风等不安全的做法。

（8）气瓶在使用过程中必须根据规定进行定期技术检验。检验单位必须在气瓶肩部规定的位置打上检验单位代号、本次检验日期和下次检验日期的钢印标记，报废的气瓶不准使用。

作业项目 3　触电现场急救

焊工的地面、水下和高空作业，发生触电事故，要立即抢救。触电者的生命是否能得救，在绝大多数情况下，取决于能否迅速脱离电源和救护是否得法。拖延时间，动作迟缓和救护方法不当，都可能造成死亡。

一、模拟救治现场

1. 人员分工。有专业救护指导人员、救治人员、被救治人员。
2. 模拟触电现场和救护现场。

二、触电现场急救

1. 使触电者迅速脱离电源

当发生触电事故，应先使触电者迅速脱离电源，方法有立即拉下电源开关或拔掉电源插头；无法找到或不能及时断开电源时，可用干燥的木棒、竹竿等绝缘物挑开电源线。

遇到触电事故，急于解救触电者，慌乱之下，没有采取任何措施，直接用手触摸触电者，这种做法十分危险的。

2. 对触电者紧急救治

触电者脱离电源后，应根据触电者的具体情况，迅速对症救治。

一般情况下采用人工氧合，即用人工的方法恢复心脏跳动和呼吸二者之间配合的救治。人工氧合包括人工呼吸和心脏挤压（即胸外心脏按摩）两种方法。

触电者需要救治的，按以下三种情况分别处理。

（1）对症救治

第一步　如果触电者伤势不重，神志清醒，但有些心慌，四肢发麻，全身无力，或者触电者在触电过程中曾一度昏迷，但已清醒过来，应使触电者安静休息，不要走动，对其细心观察并请医生前来就诊或送往医院，如图4—1所示。

图4—1

第二步　如果触电者伤势较重，已失去知觉，但心脏跳动和呼吸还存在，应使触电者舒适、安静地平卧，保持环境空气流通，解开他的衣服，以利呼吸，如果天气寒冷，要注意保暖，并速请医生诊治或送往医院。如果发现触电者呼吸困难或发生痉挛，立即施行人工氧合，如图4—2所示。

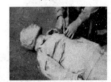

图4—2

第三步　如果触电者伤势严重，呼吸停止或心脏跳动停止，或心脏跳动和呼吸都已停止，应立即施行人工氧合，并速请医生诊治或送往医院。

应当注意，急救要尽快地进行，不能等候医生的到来，在送往医院的途中，也不能中止急救，如图4—3所示。

图4—3

（2）人工呼吸法

人工呼吸是在触电者呼吸停止后应用的急救方法。

采用口对口（鼻）人工呼吸法，应使触电者仰卧，头部尽量后仰，鼻孔朝天，下颚尖部与前胸部大致保持在一条水平线上。触电者颈部下方可以垫起，但不可在其头部下方垫放枕头或其他物品，以免堵塞呼吸道。

口对口（鼻）人工呼吸法的操作步骤如下：

第一步　将触电者头部侧向一边，张开其嘴，清除口中血块、假牙、呕吐物等异物，使呼吸道畅通，同时解开衣领，松开紧身衣着，以排除影响胸部自然扩张的障碍，如图4—4所示。

图4—4

第二步　使触电者鼻孔（或口）紧闭，救护人深吸一口气后紧贴触电者的口（或鼻）向内吹气，为时约2 s，如图4—5所示。

图4—5

第三步　吹气完毕，立即离开触电者的口（或鼻），并松开触电者的鼻孔（或嘴唇），让他自行呼气，为时约3 s，如图4—6所示。如果发现触电者胃部充气鼓胀，可一面用手轻轻加压于其上腹部，一面继续吹气和换气。如果实在无法使触电者把口张开，可用口对鼻人工呼吸法。触电者如果是儿童，只可小口吹气，以免肺泡破裂。

图4—6

（3）心脏挤压法

心脏挤压法是触电者心脏停止跳动后的急救方法。

施行心脏挤压应使触电者仰卧在比较坚实的地面上，姿势与口对口（鼻）人工呼吸法相同。操作方法如下：

第一步　救护人员跪在触电者腰部一侧，或者骑跪在他的身上，两手相叠，手掌根部放在心窝稍高一点的地方，即两乳头间略下一点，胸骨下三分之一处，掌根用力向下（垂直用力，向脊椎方向）挤压，压出心脏里面的血液。对成年人应压陷3～4 cm，每秒钟挤压一次，每分钟挤压60次为宜，如图4—7所示。

图4—7

第二步　挤压后，掌根迅速全部放松，让触电者胸廓自动复原，血液充满心脏，放松时掌根不必离开胸廓，如图4—8所示。

触电者如果是儿童，可以只用一只手挤压，用力要轻一些，以免损伤胸骨，而且每分钟宜挤压100次左右。

图4—8

心脏跳动和呼吸是互相联系的。心脏跳动停止了，呼吸很快就会停止；呼吸停止了，心脏跳动也维持不了多久。一旦呼吸和心脏跳动都停止了，应当同时进行口对口（鼻）人工呼吸和胸外心脏挤压。如果现场仅一个人抢救，两种方法应交替进行，每吹气 2 ~ 3 次，挤压 10 ~ 15 次。

训练项目 4　焊接作业中火灾、爆炸事故的防范

一、操作准备

1. 气压焊设备、工具及劳动保护用品
气压焊设备和扳手、打火机、护目镜及劳动保护用品等。

2. 准备消防器材
泡沫灭火器、二氧化碳灭火器、干粉灭火器等。保证灭火器材有效可用。

3. 人员组织
除现场操作人员外，在作业现场，派专人监视火警，积极防范。

4. 气压焊操作现场

二、严格执行用火制度

气压焊用火应经本单位安技部门、保卫部门检查同意后，方能进行焊接作业。并应根据消防需要，配备足够数量的灭火器材。要检查灭火器材的有效期限，保证灭火器材有效可用。

三、动火操作人员必须持有动火证

凡是石油化工区、煤气站、油库区等常见危险区域的焊接人员，必须经过安全技术培训，并于考试合格后，才能独立作业。凡需在禁火区和危险区工作的焊工，必须持有动火证和出入证，否则不得在上

述范围从事动火作业。

四、压焊作业的安全防范

1. 在进行气压焊作业时，要仔细检查加热器的瓶阀、减压阀和胶管，不能有漏气现象，拧装和拆取阀门都要严格按操作规程进行。

2. 离焊接处 10 m 范围内不应有有机灰尘、垃圾、木屑、棉纱、草袋、石油、汽油、油漆等。如果不能及时清除，应用水喷湿，或盖上石棉板、石棉布或湿麻袋隔绝火星，即采取可靠安全措施后才能进行操作。工作地点通道的宽度不得小于 1 m。

3. 在进行焊接作业时，应注意如果电流过大而导线包皮破损会产生大量热量，或者接头处接触不良均易引起火灾。因此作业前应仔细检查，并做好包扎。

4. 在焊接钢筋、管道、设备时，热传导能导致另一端易燃易爆物品发生火灾爆炸，所以在作业前要仔细检查，对另一端的危险物品予以清除。

5. 不得在储存汽油、煤油、挥发性油脂等易燃易爆物品的场所进行焊接作业（见图 4—9）。

6. 不准直接在木板、木板地上进行焊接。如果必须进行，要用铁板把工作物垫起，并须携带防火水桶，以防火花飞溅造成火灾。

7. 凡新制造的产品，如管道、油罐、轮船、机车车辆以及其他交付的产品，在油漆未干之前（见图 4—10），不许进行焊接操作，以防周围空气中有挥发性气体而发生火灾。

图 4—9　不得在易燃易爆的油管处焊接　　图 4—10　油漆未干之前不许焊接与操作

8. 化工设备的保温层，有些是采用沥青胶合木、玻璃纤维、泡沫塑料等易燃物品作为材料的。焊接之前，应将距操作处 1.5 m 范围内的保温层拆除干净，并用遮挡板隔离，以防飞溅火花落到附近的易燃保温层上。

9. 焊机要有牢固的接地装置，导线要有足够的截面，严禁超过安全电流负荷量，要有合适的保险装置（见图4—11）。保险丝严禁用铜丝或铁丝代替。开关插座的安装使用必须符合要求。

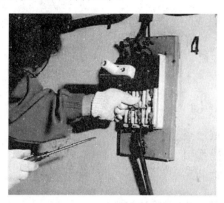

图4—11　更换合适的保险丝

10. 焊接回路地线不可乱安乱搭，以防接触不良。同时，电线与电线、电线与开关等设备连接处的接头必须符合要求，以防接触电阻过大造成火灾。

11. 焊接中如果发现焊机漏电、皮管漏气或闻到有焦煳味等异常情况时，应立即停止操作进行检查。

12. 焊接工作结束时，要立即拉闸断电，并认真检查，特别是对有易燃易爆物或填有可燃物隔热层的场所，一定要彻底检查，将火熄灭。待焊件冷却并确认没有焦味和烟气后，做好认真清理，焊工方能离开工作场所。

训练项目5　火灾、爆炸事故紧急扑救

一、操作准备

1. 准备消防器材

准备若干泡沫灭火器、二氧化碳灭火器、干粉灭火器、1211灭火器（见图4—12）。

a) 泡沫灭火器　　b) 二氧化碳灭火器　　c) 干粉灭火器　　d) 1211灭火器

图4—12　灭火器

2. 模拟发生火灾、爆炸现场

（1）准备导致油类起火的物质。

（2）由压焊操作引致着火的器件。

（3）安全空旷的场地。

3. 组织火灾现场的紧急扑救

专业火灾救护指导人员、医护人员、参加火灾扑救人员等。

二、油类物质着火的扑救

当油类物质着火时，可用泡沫灭火器，要沿容器壁喷射，让泡沫逐渐覆盖油面，使火熄灭，不要直接对着油面，以防油质溅出。

泡沫灭火器的使用方法：可手提筒体上部的提环，迅速奔赴火场，这时应注意不得使灭火器过分倾斜，更不可横拿或颠倒，以免两种药剂混合而提前喷出。当距离着火点8 m左右时，即可将筒体颠倒过来，一只手紧握提环，另一只手扶住筒体的底圈，将射流对准燃烧物，如示意图所示。

泡沫灭火器灭火操作示意图	

1. 右手握着压把，左手托着灭火器底部，轻轻地取下灭火器。	2. 右手提着灭火器到现场。

续表

泡沫灭火器灭火操作示意图	

3. 右手揣住喷嘴，左手执筒底边缘。	4. 把灭火器颠倒过来呈垂直状态，用劲上下晃动几下，然后放开喷嘴。

5. 右手抓筒耳，左手抓筒底边缘，把喷嘴朝向燃烧区，站在离火源 8 m 的地方喷射，并不断前进，兜围着火焰喷射，直至将火扑灭。	6. 灭火后，将灭火器卧放在地上，喷嘴朝下。

　　在扑救可燃液体火灾时，如果已呈流淌状燃烧，则将泡沫由远而近喷射，使泡沫完全覆盖在燃烧液面上；如果在容器内燃烧，应将泡沫射向容器的内壁，使泡沫沿着内壁流淌，逐步覆盖着火液面。切忌直接对准液面喷射，以免由于射流的冲击，反而将燃烧的液体冲散或冲出容器，扩大燃烧范围。在扑救固体物质火灾时，应将射流对准燃烧最猛烈处。灭火时随着有效喷射距离的缩短，使用者应逐渐向燃烧区靠近，并始终将泡沫喷在燃烧物上，直到扑灭。使用时，灭火器应始终保持倒置状态，否则会中断喷射。

三、电气设备着火的扑救

　　当电气设备着火时，首先要拉闸断电，然后再灭火。在未断电以前不能用水或泡沫灭火器灭火，只能用干粉灭火器、二氧化碳灭火器或 1211 灭火器扑救，因为用水或泡沫灭火器容易触电伤人。

1. 干粉灭火器灭火。干粉灭火器的使用方法：可手提或肩扛灭火器快速奔赴火场，在距燃烧处 2 m 左右放下灭火器。如果在室外，应选择在上风方向喷射。使用的干粉灭火器若是外挂式，操作者应一只手紧握喷枪，另一只手提起储气瓶上的开启提环。如果储气瓶的开启是手轮式的，则向逆时针方向旋开，并旋到最高位置，随即提起灭火器。当干粉喷出后，迅速对准火焰的根部扫射。使用的干粉灭火器若是内置式储气瓶的或者是储压式的，操作者应先将开启把上的保险销拔下，然后一只手握住喷射软管前端喷嘴部，另一只手将开启压把压下，打开灭火器进行灭火。有喷射软管的灭火器或储压式灭火器在使用时，一只手应始终压下压把，不能放开，否则会中断喷射，如示意图所示。

干粉灭火器灭火操作示意图	

1. 右手握着压把，左手托着灭火器底部，轻轻地取下灭火器。	2. 右手提着灭火器到现场。

3. 除掉铅封	4. 拔掉保险销

续表

干粉灭火器灭火操作示意图	

5. 左手拿着喷管，右手提着压把。	6. 在距火焰 2 m 的地方，右手用力压下压把，左手拿着喷管左右摆动，喷射干粉覆盖整个燃烧区。

干粉灭火器扑救可燃、易燃液体火灾时，应对准火焰根部扫射，如果被扑救的液体呈流淌燃烧，应对准火焰根部由远而近，并左右扫射，直至把火焰全部扑灭。

如果可燃液体在容器内燃烧，使用者应对准火焰根部左右晃动扫射，使喷射出的干粉流覆盖整个容器开口表面；当火焰被赶出容器时，使用者仍应继续喷射，直至将火焰全部扑灭。

在扑救容器内可燃液体火灾时，应注意不能将喷嘴直接对准液面喷射，防止射流的冲击力使可燃液体溅出而扩大火势，造成灭火困难。

如果可燃液体在金属容器中燃烧时间过长，容器的壁温已高于扑救可燃液体的自燃点，此时，极易造成灭火后再复燃的现象，若与泡沫类灭火器联用，则灭火效果更佳。

使用磷酸铵盐干粉灭火器扑救固体可燃物火灾时，应对准燃烧最猛烈处喷射，并上下、左右扫射。如果条件许可，使用者可提着灭火器沿着燃烧物的四周边走边喷，使干粉灭火剂均匀地喷在燃烧物的表面，直至将火焰全部扑灭。

2. 二氧化碳灭火器灭火。使用二氧化碳灭火器灭火时，应将其提到或扛到火场，在距燃烧物 2 m 左右处，放下灭火器，拔出保险销，一只手握住喇叭筒根部的手柄，另一只手紧握启闭阀的压把。对没有喷射软管的二氧化碳灭火器，应把喇叭筒往上扳 70°~90°。使用时，不能直接用手抓住喇叭筒外壁或金属连线管，防止手被冻伤。灭火时，当可燃液体呈流淌状燃烧时，使用者将二氧化碳灭火剂的喷流由远而近向火焰喷射。如果可燃液体在容器内燃烧，使用者应将喇叭筒提起，从容器的一侧上部向燃烧的容器中喷射。但不能使二氧化碳射流直接冲击可燃液面，以防止将可燃液体冲出容器而扩大火势，造成灭火困难，如示意图所示。

二氧化碳灭火器灭火操作示意图

1. 用手握着压把。	2. 用右手提着灭火器到现场。
3. 除掉铅封	4. 拔掉保险销
5. 站在距火源2 m的地方，左手拿着喇叭筒，右手用力压下压把。	6. 对着火焰根部喷射，并不断向前，直至将火焰扑灭。

3. 1211 灭火器灭火。1211 灭火器使用时，用手提灭火器的提把，将灭火器带到火场。在距燃烧处 5 m 左右处，放下灭火器，先拔出保险销，一只手握住开启压把，另一只手握在喷射软管前端的喷嘴处。如果灭火器无喷射软管，可一只手握住开启压把，另一只手扶住灭火器底部的底圈部分。先将喷嘴对准燃烧处，用力握紧开启压把，使灭火器喷射。当被扑救可燃烧液体呈现流淌状燃烧时，使用者应对准火焰根部由远而近并左右扫射，向前快速推进，直至火焰全部扑灭。

如果可燃液体在容器中燃烧，应对准火焰左右晃动扫射，当火焰被赶出容器时，喷射流跟着火焰扫射，直至把火焰全部扑灭。

但应注意不能将喷流直接喷射在燃烧液面上，防止灭火剂的冲力使可燃液体冲出容器而扩大火势，造成灭火困难。如果扑救可燃性固体物质的初起火灾，则将喷流对准燃烧最猛烈处喷射，当火焰被扑灭后，应及时采取措施，不让其复燃。

1211 灭火器使用时不能颠倒，也不能横卧，否则灭火剂会喷出。另外，在室外使用时，应选择在上风方向喷射；在窄小的室内灭火时，灭火后操作者应迅速撤离，因 1211 灭火剂也有一定的毒性，以防其对人体造成伤害。

训练项目 6 现场安全性防护及不安全因素的排查

施工现场各类易发事故归结起来，主要是人、物、环境三大因素。人的因素包含焊工本人、现场其他工种人员、管理人员，这三类人员的不安全行为会造成施工现场混乱或直接对焊工带来危害。物的因素包含焊接作业所涉及的设备、工具、材料、构件、防护用品，这些物的不安全状态构成了危害因素。环境因素主要指高空作业、交叉作业、恶劣的作业环境等这类操作现场的环境，其次是项目管理水平这种软环境，项目管理混乱，会直接带来事故，对焊工造成危害。

因此，在实施焊接过程中，除加强个人防护外，还必须严格执行焊接安全规程，加强对焊接场地、设备、工夹具进行安全检查，排查不安全的因素，以避免人身伤害及财产损失。

一、焊接场地、设备安全检查

1. 检查焊接作业场地的设备、工具、材料是否排列整齐，不得乱堆乱放，多点焊接作业或与其他工种混合作业时，工位间应设防护屏。

2. 检查焊接场地是否保持必要的通道（见图 4—13），且车辆通道宽度不小于 3 m，人行道不小于 1.5 m。

图 4—13　作业场地保持必要的通道

3. 检查气压焊所用胶管、电缆线是否互相缠绕，如有缠绕，必须分开；检查气瓶用后是否已移出工作场地；在工作场地各种气瓶不得随便横躺竖放（见图 4—14）。

图 4—14　避免工作场地杂乱

4. 检查焊工作业面积是否足够，焊工作业面积不应小于 4 m^2；地面应干燥；工作场地要有良好的自然采光或局部照明。

5. 检查焊接场地的设备及材料是否有序摆放，周围 10 m 范围内各类可燃易爆物品是否清除干净。如果不能清除干净，应采取可靠的安全措施，如用水喷湿或用防火盖板、湿麻袋、石棉布等覆盖。

6. 室外作业现场要检查以下内容：在地沟、坑道、检查井、管段或半封闭地段等作业时，应严格检查有无爆炸和中毒危险，应该用仪器（如测爆仪、有毒气体分析仪）进行检查分析，禁止用明火及其他不安全的方法进行检查。对附近敞开的孔洞和地沟，应用石棉板盖严，防止火花进入。

7. 施焊人员必须持证上岗（见图4—15），凡属于应有动火审批手续，但手续不全，并且不了解焊接现场周围情况，不能盲目进行焊接作业。

图4—15　检查动火审批手续

二、工夹具的安全检查

为了保证焊工的安全，在焊接前应对所使用的工具、夹具进行检查。

1. 焊炬。焊接前应检查焊炬氧气、乙炔接头处是否牢固，是否有漏气现象。

2. 面罩和护目镜片。主要检查面罩和护目镜是否遮挡严密，有无漏光的现象。

3. 角向磨光机。要检查砂轮转动是否正常，有无漏电的现象（见图4—16）；检查砂轮片是否紧固牢靠，是否有裂纹、破损，要杜绝使用过程中砂轮碎片飞出伤人。

图4—16　检查角磨机是否正常

第五章　电阻焊安全

电阻焊的特点是高频、高压、大电流且具有一定压力的金属高温熔炼融接过程，操作不当具有触电、机械挤压、火花溅伤等伤害，应引起操作者的重视。

第一节　电阻焊原理、分类和安全特点

一、电阻焊的原理

电阻焊是利用电流通过焊件接头的接触面及邻近区域产生的电阻热能，将被焊金属加热到局部熔化或达到高塑性状态，在外力作用下形成牢固的焊接接头的工艺过程。

电阻焊时，两片焊件在电极之间压紧，通以电流，在接触处便产生电阻热，当焊件接触加热到一定程度时，断电（锻压），使焊件以圆点熔合在一起而形成焊点。焊点形成过程可分为彼此相接的三个阶段：焊件压紧、通电加热进行焊接、断电（锻压）。焊接过程如图5—1所示。

1. 焊件压紧

为了使焊件在焊接处取得紧密的触点，必须将焊件压紧在两电极之间。如果在电流闭合的瞬间，电极压力不够大，则接触电阻很大，会立即产生很大的热量，使接触点处的金属很快熔化，并以火花形式向外飞溅，这时焊件有可能被烧穿，电极可

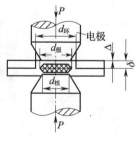

图5—1　点焊过程

能被烧坏。

2. 通电加热进行焊接

被压紧在电极之间的焊件，通以电流，靠电流通过接触电阻及焊件本身的电阻所产生的热量来加热焊件。其热量由焦耳定律得出下列积分式：

$$Q = 0.24\int_0^t RI^2 \mathrm{d}t$$

式中　Q——产生的热量，Cal；

　　　R——电极间电阻总值，Ω；

　　　I——通电电流，A；

　　　t——电流通过时间，s；

其中只 $R = r_1 + r_2 + r_3 + r_4 + r_5$，如图 5—2 所示。

在加热开始阶段，焊件间接触点处的电流密度最大，而在随后的加热过程中，由于此处的电阻率随温度的升高而增大，析出的热量依然强烈。加上电极的强烈冷却作用，促使焊点的中部（核心）加热最快。当加热到一定的温度时，在力的作用下，焊件间接触点内形成共晶体，开始塑性状态的焊接。进一步加热，使核心内的金属熔化，达到熔化焊接。

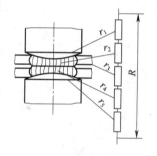

图 5—2　点焊时电阻的分布

3. 断电（锻压）

当熔核达到所需要的形状和尺寸后，切断焊接电源并保持电极压力，这时熔核开始冷却结晶。由于熔核周围散热条件好，首先在熔核周边冷却结晶而形成一个所谓的金属模，熔核内的熔化金属在该金属模内逐步结晶，结晶时不能自由收缩，只有采用电极压力挤压才能使正在结晶的金属变得致密，从而防止或减少缩孔和裂纹的产生，因此电极压力必须在熔核金属全部结晶后才能解除，焊接过程也才能结束。

二、电阻焊的分类

电阻焊是压焊中应用最广的一种焊接方法，它的分类方法很多，一般可根据接头形式和工艺方法、焊接电流以及电源能量种类进行划分，具体分类如图 5—3 所示。

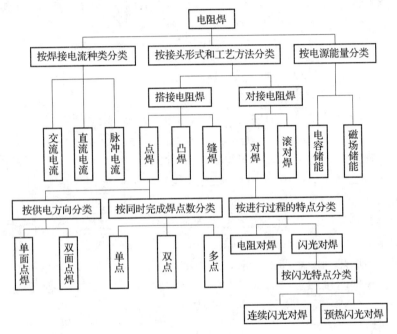

图 5—3　电阻焊的种类

目前，常用的电阻焊方法主要是点焊、凸焊、缝焊和对焊，如图 5—4 所示。

三、电阻焊的安全特点

触电是电阻焊时焊工的主要危险，这种事故主要是在变压器的一次线圈绝缘损坏时发生。此外还有烧伤的危险，闪光对焊时火花四射，点焊和缝焊时有熔化金属溢出，这些都可能烧伤人体。闪光对焊时还会产生金属灰尘和 CO 气体污染空气。焊接有色金属或带有镀层的钢材，可能产生铅和锌的氧化物等有害物质。

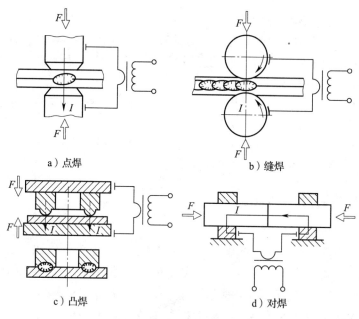

a）点焊

b）缝焊

c）凸焊

d）对焊

图5—4　常用电阻焊方法

第二节　点焊、凸焊、缝焊、对焊特点和应用范围

一、点焊特点和应用范围

1. 电阻点焊的特点

（1）加热速度快，仅需要千分之几秒到几秒。如点焊时，通用点焊机的生产率约为每分钟 60 点，若用快速点焊机则可达到每分钟 500 点以上。

（2）焊接时不用填充金属、焊剂，也无须保护气体，所以在正常情况下除必要的电力消耗外，几乎没有其他消耗，因此焊接成本比较低。

（3）机械化程度高，操作简单。

2. 电阻点焊的应用范围

（1）点焊主要用于带有壳体的骨架结构（如汽车驾驶室、客车厢体等薄板冲压件）、铁丝网、交叉钢筋等。广泛应用于飞机、汽车制造、建筑等行业。

（2）可焊接低碳钢、低合金钢、镀层钢、不锈钢、高温合金、铝及铝合金、钛及钛合金、铜及铜合金等。

（3）最薄可点焊 0.005 mm，最厚可焊 8 mm + 8 mm。

（4）可焊不同厚度、不同材料的焊件。

二、凸焊特点和应用范围

1. 电阻凸焊的特点

凸焊是点焊的一种变型，是在一焊件的贴合面上预先加工出一个或多个凸起点，使其与另一焊件表面相接触并通电加热，然后压塌，使这些接触点形成焊点的电阻焊方法。凸焊的特点与点焊相似。

焊接区为凸点接触，可大大提高单位面积上的电流密度和电极压强，有利于焊件表面氧化膜破裂、热量集中、分流小，可用于厚度比超过 1:6 的焊件的焊接。凸焊时可采用平板电极，焊件表面无压痕，电极寿命长。为了提高焊接生产率和减少接头变形，可以采用多点凸焊的方法。凸焊既可以在一般点焊机上进行，也可以在专用的凸焊机上进行。凸焊机结构除了电极和点焊机不同之外，其余完全相同。

2. 电阻凸焊的应用范围

（1）凸焊的应用除了板件凸焊外，还用于螺母、螺钉类零件凸焊，线材交叉凸焊，管子凸焊和板材 T 型凸焊等。

（2）采用通用凸（点）焊两用焊机能焊低碳钢、镀层钢、不锈钢、耐热合金、铝及其合金、钛、铌、钒、锆、钽等。

三、缝焊特点和应用范围

1. 电阻缝焊的特点

电阻缝焊实质上是一连续进行的点焊。缝焊时接触区的电阻、加热过程，冶金过程和焊点的形成过程都与点焊相似。缝焊与点焊相比有如下特点：

（1）焊件不是处在静止的电极压力下，而是处在滚轮旋转的情况下，因此会降低加压效果。

（2）焊件的接触电阻比点焊小，而焊件与滚轮之间的接触电阻比点焊时大。

（3）前一个焊点对后一个焊点的加热有一定的影响。这种影响主要反映在以下两个方面：

1）分流的影响。缝焊时有一部分焊接电流流经已经焊好的焊点，削弱了对下一个正在焊接的焊点加热。

2）热作用。由于焊点靠得很近，上一个焊点焊接时会对下一个焊点有预热作用，有利于加热。

（4）散热效果比点焊差。由于滚轮同焊件表面上每一个点接触都是短暂的，因此散热的效果要差些，使其焊接表面更容易过热，容易与滚轮黏结而影响表面质量。

2. 电阻缝焊的应用范围

（1）电阻缝焊一般用于有气密性要求的构件焊接，广泛应用于油桶、罐头桶、飞机和汽车油箱、消声器、密封（薄件）容器等。

（2）可焊接低碳钢、合金钢、镀层钢、不锈钢、耐热钢、铜和铝等金属。

四、对焊特点和应用范围

1. 电阻对焊的特点

（1）电阻对焊的特点。电阻对焊是先加压力后通电，焊件电阻的析热占很大比例，温度沿轴向分布较平缓。在可焊范围内，不论截面大小，均可在同一瞬间完成整个端面的对接。最高温度始终低于熔点温度，约为熔点的90%。只存在接口的塑性变形而几乎无烧损，焊件焊后缩短量较小，接头表面较光滑。缺点是对焊的接触面加工要求较高，且只能焊接延伸率较好的材料。

（2）闪光对焊的特点

1）闪光对焊是先接通焊接电流后使焊件接触形成闪光，最后再加顶锻压力并逐渐增加顶锻压力。

2）预热闪光对焊与连续闪光对焊相比，具有如下特点：

①可用功率较小的焊机焊接大断面焊件。

②降低焊后的冷却速度，有利于防止淬火钢接头在冷却时产生淬火组织和裂纹。

③缩短闪光阶段的时间，减少闪光数量，可以节约贵重金属。

④缺点是焊接周期长，预热控制困难，影响接头质量的稳定，另外还使焊接过程自动化更加复杂。

3）闪光对焊时，两焊件的截面形状必须一致，尺寸差别应加以严格控制，一般来说直径差别不大于15%，厚度差别不大于10%。

2. 电阻对焊的应用范围

（1）可焊 $\phi 0.4$ mm 的金属丝，最大可焊截面积超过 100 000 mm² 的钢坯（一般电阻对焊为 250 mm² 以下的焊件）。

（2）所有的钢件和有色金属件基本上都可以对焊。

第三节　点焊、凸焊、缝焊、对焊焊接参数选择

一、电阻点焊焊接参数选择

电阻点焊焊接工艺参数包括焊接电流、电极压力、通电时间及电极工作端面尺寸等。

1. 焊接电流

焊接电流是决定析热量大小的关键因素，电流太小，则能量过小，无法形成熔核或熔核过小，接头强度低。电流太大，则能量过大，焊件熔化过快，熔核来不及形成导致飞溅产生，引起烧毁焊件。

2. 电极压力

在增大电极压力的同时，适当延长焊接时间或增大焊接电流，可

使焊点熔核增加，从而提高焊点的强度。

3. 焊接通电时间

焊接通电时间太短，则难以形成熔核或熔核过小。要想获得所要求的熔核，应使焊接通电时间有个合适的范围，并与焊接电流相配合。

4. 电极工作端面尺寸

熔核的直径（$d_核$）与电极工作端面直径（$d_极$）有关。通常为：

$$d_核 = （0.9 \sim 1.4）d_极$$

但焊点核心尺寸还与焊件厚度有关。因此，电极工作端面尺寸可根据焊件厚度和电极形状来决定。

5. 搭接宽度及焊点间距要求

点焊时，搭接宽度选择应满足焊点强度。厚度不同的材料，所需焊点直径也不同，即薄板，焊点直径小；厚板，焊点直径大。因此，不同厚度的材料搭接宽度就不同，一般规定见表5—1。

表5—1　　　　　　点焊搭接宽度及焊点间距最小值　　　　　　mm

厚度	低碳钢		不锈钢		铝合金	
	搭接宽度	焊点间距	搭接宽度	焊点间距	搭接宽度	焊点间距
0.3 + 0.3	6	10	6	7		
0.5 + 0.5	8	11	7	8	12	15
0.8 + 0.8	9	12	9	9	12	15
1.0 + 1.0	12	14	10	10	14	15
1.2 + 1.2	12	14	10	14	12	15
1.5 + 1.5	14	15	12	12	18	20
2.0 + 2.0	18	17	12	14	20	25
3.0 + 3.0	20	24	18	18	26	30
4.0 + 4.0	X	26	20	X	30	35

6. 修磨、调整电极端头

修磨好电极端头直径，尽量使表面光滑；调整好上下电极的位置，保证电极端头平行，轴线对中。

二、电阻凸焊焊接参数选择

电阻凸焊的工艺参数通常包括焊接电流、电极压力、焊接通电时间和确定凸点所处的焊件。

1. 焊接电流

凸焊所需电流比点焊同样的一个焊点时小，在采用合适的电极压力的前提下以不挤出过多金属作为最大电流。在凸点完全压溃之前电流能使凸点熔化作为最小电流。焊件的材质及厚度是选择焊接电流的主要依据。多点凸焊时，总的焊接电流为凸点所需电流总和。

2. 电极压力

电极压力应满足凸点达到焊接温度时全部压溃，使两焊件紧密贴合。电极压力过大会过早地压溃凸点，失去凸焊的作用，压力过小又会造成严重的喷溅。电极压力的大小应根据焊件的材质和厚度来确定。

3. 焊接通电时间

凸焊的焊接通电时间比点焊长。如要缩短通电时间就应增大焊接电流，过大的焊接电流会使金属过热和引起喷溅。焊接通电时间应根据焊接电流和凸点的刚度来确定。

4. 确定凸点所处的焊件

焊接同种金属时，凸点应冲在较厚的焊件上；焊接异种金属时，凸点应冲在导电率较高的焊件上。尽量做到两焊件间的热平衡。

三、电阻缝焊焊接参数选择

电阻缝焊的焊接工艺参数包括焊接电流、焊接通电时间和休止时间、焊接速度、电极压力和滚轮（缝焊电极）。

1. 焊接电流

焊接电流的大小决定了熔核的焊透率和重叠量（低碳钢的焊透率一般为焊件厚度的 30%～70%，有气密性要求的焊接重叠量不得小于 20%）。随着焊接电流的增加，焊透率和重叠量随之增加，但电流过大会产生压痕过深和焊穿等缺陷。缝焊电流一般比点焊电流大 20%～40%。

2. 焊接通电时间和休止时间

通电时间的长短决定了熔截尺寸的大小，而休止时间则影响到熔核的重叠量。因此，焊接通电时间和休止时间应有一个适当的匹配比例。在焊接速度较低时，焊接通电时间与休止时间之比为 1.25:1 ~ 2:1 在焊接速度较高时，其比例为 3:1 或更高。

3. 焊接速度

焊接速度的快慢决定了滚轮与焊件的接触时间，从而直接影响接头的加热和散热。当焊接速度增加时，为了获得较高的焊接质量必须增大焊接电流，但过快的焊接速度则会引起表面烧损、电极黏附而影响焊缝质量。焊接速度应根据焊件金属的性质、厚度、焊缝强度和致密性要求来选择。在焊接不锈钢、高温合金和有色金属时，为了避免产生飞溅和获得致密高的焊缝，应选择较低的焊接速度或步进缝焊。

4. 电极压力

电极压力对熔核尺寸的影响和点焊相同。电极压力过高使压痕过深，并会加速滚轮的变形和磨损，而压力不足则会产生缩孔和烧损滚轮。

5. 滚轮（缝焊电极）

滚轮所用材料与点焊电极相同，应根据焊件金属的不同而选择不同的电极材料。滚轮工作面分平面和球面两种。滚轮直径的大小，应根据焊件结构形式及可达性来选择，一般在 300 mm 以内，工作面宽度一般为 3 ~ 6 mm，应尽可能选较大直径的滚轮以便提高散热效果和降低磨损。修整滚轮时，其工作面应在车床上加工，而非工作面可用锉刀来修整。

四、电阻对焊焊接参数选择

1. 电阻对焊工艺参数

电阻对焊工艺参数包括：伸出长度、焊接电流、焊接通电时间、焊接压力和顶锻压力。

（1）伸出长度。伸出长度指的是焊件伸出夹具电极端面的长度。选择伸出长度时应从两个方面考虑：一是顶锻时焊件的稳定性，二是向夹具散热。如过长则压弯，过短则向夹具散热增加，造成焊件冷却过快，导致产生塑性变形的困难。伸出长度应根据不同金属材质来决定。如低碳钢为 $(0.5 \sim 1)D$，铝和黄钢为 $(1 \sim 2)D$，铜为 $(1.5 \sim 2.5)D$（其中 D 为焊件的直径）。

（2）焊接电流。焊接电流常以电流密度的形式来表示，它是决定焊件加热的主要参数，电流密度大则焊接通电时间短，电流密度太大则容易产生未焊透，电流密度小则会使接口端面严重氧化，接头区晶粒粗大，影响接头强度。对于不同的材质和截面尺寸应采用不同的电流密度，如导热性好的材料应采用较大的电流密度，焊接直径增加时可适当降低电流密度。

（3）焊接通电时间。这也是决定焊件加热的主要参数。它应和焊接电流配合。通电时间太短则容易产生未焊透，通电时间太长则氧化严重。

（4）焊接压力和顶锻压力。它们对接头处的产热和塑性变形都有影响。如减小焊接压力则有利于产热，但不利于塑性变形，反之则相反。因此，应采用较小的焊接压力进行加热，而采用较大的顶锻压力进行顶锻。但焊接压力不宜太低，否则会产生飞溅，增加端面氧化。

2. 闪光对焊的工艺参数

闪光对焊的工艺参数包括：伸出长度、闪光电流、闪光速度、闪光留量、顶锻压力、顶锻电流、顶锻留量、顶锻速度、夹具夹持力、预热温度、预热时间等。

（1）伸出长度。在一般情况下，棒材和厚壁管材为 $(0.7 \sim 1.0)D$（D 为直径或边长）。

（2）闪光留量。闪光对焊时，考虑焊件因闪光烧化缩短而预留的长度。选择闪光留量时应满足在闪光结束时整个焊件端面有一层熔化金属，同时在一定深度上到达塑性变形温度。闪光留量过小，会影响焊接质量，过大会浪费金属材料，降低生产率。另外，在选择闪光留量时，预热闪光对焊比连续闪光对焊小 30% ～50%。

（3）闪光电流。闪光对焊时，闪光阶段通过焊件的电流，其大小取决于被焊金属的物理性能、闪光速度、焊件端面的面积和形状，以及加热状态。随着闪光速度的增加，闪光电流随之增加。

（4）闪光速度。具有足够大的闪光速度才能保证闪光的强烈和稳定。但闪光速度过大，会使加热区过窄，增加塑性变形的困难。闪光速度大，焊接电流大，增大过梁爆破后的火口深度，因而降低接头质量。闪光速度应根据被焊材料的特点，是否有预热等情况来考虑，如导电、导热性好的材料闪光速度应较大。

（5）顶锻压力。一般采用顶锻压强来表示。顶锻压强的大小应保证能挤出接口内的液态金属，并在接头处产生一定的塑性变形。顶锻压强过大则变形量大，会降低接头冲击韧性；顶锻压强过低则变形不足，接头强度下降。高温强度大的金属需要较大的顶锻压强，导热性好的金属也需要较大的顶锻压强。

（6）顶锻电流。闪光对焊和电阻对焊时，在顶锻阶段通过焊件的电流，称为顶锻电流。它与焊接时的闪光电流有关。

（7）顶锻留量。考虑焊件因顶锻缩短而预留的长度。顶锻留量的大小影响到液态金属的排除和塑性变形的大小。顶锻留量过大，降低接头的冲击韧性，过小，使液态金属残留在接口中，易形成疏松、缩孔、裂纹等缺陷。顶锻留量应随着焊件断面积的增大而增加。

（8）顶锻速度。顶锻速度应越快越好。顶锻速度取决于焊件材料的性能，如焊接奥氏体钢的最小顶锻速度大约是珠光体钢的两倍。导热性好的金属需要较高的顶锻速度。

（9）夹具夹持力。必须保证在整个焊接过程中不打滑，它与顶锻压力和焊件与夹具间的摩擦力有关。

（10）预热温度。预热闪光对焊的预热温度应根据断面积的大小和材料的性质来选择，对低碳钢而言，一般不超过 700～900℃，随着断面的增大预热温度相应提高。

（11）预热时间。预热时间取决于焊机的功率、断面积和金属的性能，以及所需的预热温度。

第四节　电阻焊设备结构

一、电阻点焊设备

固定式点焊机的结构如图 5—5 所示。它是由机座、加压机构、焊接回路、电极、传动机构和开关及调节装置所组成。其中主要部分是加压机构、焊接回路和控制装置。

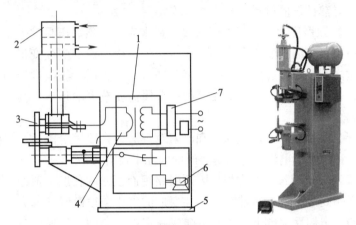

图5—5 点焊机的构造及外形

1—电源 2—加压机构 3—电极 4—焊接回路
5—机架 6—传动与减速机构 7—开关与调节装置

1. 加压机构

电阻焊在焊接中须要对焊件进行加压，所以加压机构是点焊机中的重要组成部分。为了保证焊接质量，加压机构应力求满足下列要求：加压机构刚性要好，不致在加压中因机臂刚度不足而发生挠曲，或因导柱失去稳定而引起上下电极错位；加压、消压动作灵活、轻便、迅速；加压机构应有良好的工艺性，适应焊件工艺特性的要求；焊接开始时，能快速地将预压力全部压上，而焊接过程中压力应稳定，焊件厚度变化时，压力波动要小。

因各种产品要求不同，点焊机上有多种形式的加压机构。小型薄零件多用弹簧、杠杆式加压机构；无气源车间，则用电动机、凸轮加压机构；而更多的是采用气压式和气、液压式加压机构。

2. 焊接回路

焊接回路是指除焊件之外参与焊接电流导通的全部零件所组成的导电通路。它是由变压器、电极夹、电极、机臂、导电盖板、母线和导电铜排所组成，如图5—6所示。

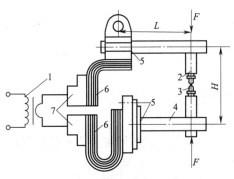

图 5—6　焊接回路

1—变压器　2—电极夹　3—电极　4—机臂　5—导电盖板　6—母线　7—导电铜排

3. 控制装置

控制装置是由开关和同步控制两部分组成。在点焊中开关的作用是控制电流的通断，同步控制的作用是调节焊接电流的大小，精确控制焊接程序，且当网路电压有波动时，能自动进行补偿。

目前常用的点焊机有 DN—10 型、DN—25 型、DN1—40—1 型等。

二、电阻凸焊设备

由于电阻凸焊机的结构与点焊机相似，仅是电极有所不同，凸焊时采用平板形电极。由此可见，利用电阻点焊机进行适当改装即可成为凸焊机。

常用电阻凸焊设备有 DTN—25 型、DTN—75 型、DTN—150 型（见图 5—7）凸焊机。

图 5—7　DTN—150 型凸焊机

三、缝焊设备

缝焊机与点焊机的基本区别在于用旋转的焊轮代替了固定的电极。焊机按下列特征分类

1. 按焊件送进的方向不同，可分为纵向缝焊机、横向缝焊机和通用缝焊机。

2. 按焊接电流的接通形式不同可分为连续接通式、断续接通式和调幅式。

3. 按焊件移动的特点，可分为焊件连续移动的缝焊机和焊件作步进式移动的缝焊机。

4. 按加压机构的传动装置可分为电力传动式和气压传动式。

5. 按电流性质的不同，可分为工频（即 50 Hz 的交流电源）缝焊机、交流脉冲缝焊机、直流冲击波缝焊机、储能缝焊机、高频缝焊机和低频缝焊机。

目前常用的缝焊设备有 FN—80 型、FN—100 型、FN—160—1 型（见图 5—8）等缝焊机。

图 5—8　FN—160—1 型缝焊机

四、电阻对焊机

电阻对焊设备主要由机架，焊接变压器，活动电极和固定电极，送给机构，夹紧机构等部分组成。对焊机的构造机如图 5—9 所示。

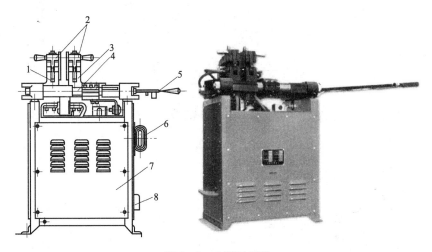

图 5—9　电阻对焊机
1—固定夹具　2—夹紧机构与电极　3—活动夹具　4—导轨
5—送给机构　6—调节闸刀　7—机架　8—电源进线

1. 机架

一般由型材焊接而成，机座内装有焊接变压器、气、水路和控制系统。机架上安装夹紧和送给机构，并要承受较大的顶锻力，因此要求应有足够的强度和刚度。

2. 焊接变压器

仍是工频变压器，其电源的外特性决定于焊接回路的阻抗。当阻抗较大时，外特性较陡；阻抗较小时，外特性较缓。电阻对焊则希望采用陡降外特性电源。焊接变压器次绕组和电极均通水冷却。焊机上装有观察水流通过情况的装置。

3. 电极与夹紧机构

电极位于夹紧机构之中，如图 5—10 所示。焊件置于上、下电极之间，通过手柄转动螺杆压紧。对焊机的电极是既承受压力，又传导电流的部件，应该选择在高温下硬度和导电性好的材料制造，一般使用含硅 0.4% ~ 0.6%、镍 2.3% ~ 2.6% 的铜合金。

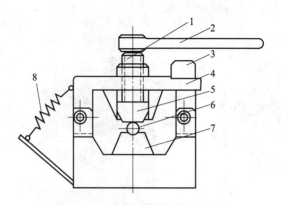

图5—10　夹紧机构位于电极之中
1—螺杆　2—手柄　3—锁扣　4—压杆　5—上电极　6—焊件　7—下电极　8—弹簧

4．送给机构

送给机构的作用是使焊件同夹具一起沿导轨移动，并提供必要的顶锻力，动作应平稳无冲击。

五、电阻焊机的安全与维护

1．焊机使用前，对各传动部件要进行注油，保证润滑良好。

2．焊机使用时，应在通水的状况下方可进行操作。

3．应经常使接触器的触点清洁。电极与焊件接触处应保持光洁，必要时用细砂布磨光。

4．焊接之后，应及时清理焊机上的飞渣。以避免金属飞渣落入焊接变压器线圈中造成短路。

5．焊机在摄氏零度以下作业完毕后，应使用压缩空气吹除冷却管路中的冷却水。以避免将管路冻坏。并注意焊机防潮。

第五节　电阻焊操作规范和安全要求

一、电阻点焊操作规范

电阻点焊操作要根据焊件的材质和工艺要求确定接头形式、点焊方法，在操作前焊件进行表面清理以及确定点焊参数等。

1. 接头形式

板与板点焊时可采用搭接和卷边接的形式，如图5—11所示。

棒与棒可采用交叉和平行棒间点焊形式，当棒与棒交叉点焊时，由于接触面积小，电流密度大，可在功率较小的焊机上焊接如图5—12a所示；平行棒间点焊时，由于接触面比交叉点焊时大，焊接较困难，如图5—12b所示。

棒与板点焊时可采用如图5—12c及图5—12d的形式，其中弯曲的圆棒与板之间的点焊比直棒与板的点焊方便。

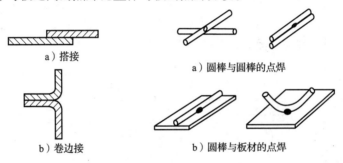

a）搭接

a）圆棒与圆棒的点焊

b）卷边接

b）圆棒与板材的点焊

图5—11　点焊接头形式　图5—12　圆棒与圆棒及圆棒与板材的点焊

2. 点焊方法

（1）双面单点焊。两个电极从焊件上、下两侧接近焊件并压紧，进行单点焊接，如图5—13a所示。此种焊接方法能对焊件施加足够大的压力，焊接电流集中通过焊接区，减少焊件的受热体积，有利于提高点焊质量。

（2）单面双点焊。两个电极放在焊件同一面，一次可以焊成两个焊点，如图5—13b所示。其优点是能提高生产率，方便焊接尺寸大、形状复杂和难以用双面单点焊的焊件，同时还能保证焊件一个表面光滑、平整，甚至无电极压痕。缺点是焊接时部分电流直接经上面的焊件形成分流，使焊接区的电流密度下降。减少分流的措施是在焊件下面加钢垫板，使大部分电流经导电性好的铜垫板流过。

（3）单面单点焊。两个电极放在焊件的同一面，其中一个电极与焊件接触的工作面很大，仅起导电块的作用，对该电极也不施加压力，如图5—13c所示。这种方法与单面双点焊相似，主要用于不能采用双面单点焊的场合。

（4）双面双点焊。两台焊接变压器分别对焊件上、下两面的成对电极供电，如图5—13d所示。两台变压器的接线方向应保证上、下对准电极，并在焊接时间内极性相反。在一次点焊过程中可形成两个焊点。其优点是分流小，主要用于厚度较大、质量要求较高的大型部件的点焊。

（5）多点焊。多点焊的优点是生产率高，一次点焊过程中形成多个焊点，如图5—13e所示。多点焊既可采用数组单面双点焊，又可采用数组单点焊或双面双点焊来进行点焊。

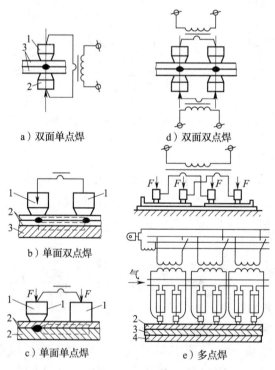

a）双面单点焊 d）双面双点焊

b）单面双点焊 e）多点焊

c）单面单点焊

图5—13　点焊方法示意图

1、2—电极　3—焊件　4—铜垫板

3. 焊前表面清理

焊件表面的油污、氧化物等将直接影响点焊时的热量析出、核心的形成及电极的使用寿命，并导致缺陷的产生，使接头强度与生产率降低。因此，焊前表面清理是一项非常重要的工序。焊前表面清理可采取下列方法：

（1）机械清理。可采用旋转钢丝刷、砂布、锉刀、刮刀、金刚砂毡轮（抛光）等工具进行清理，小型焊件可用喷丸处理。机械清理所用设备简单，但生产率低、劳动强度大，且表面容易划伤，清理后允许存放的时间较短。

（2）化学清理。采用化学清理的方法可以大幅度提高生产率，清理质量稳定、存放时间也较长。化学清理包括去油、酸洗、钝化等。

4. 确定点焊参数

以低碳钢点焊为例，确定其焊接工艺参数，见表5—2。

表5—2　　　　　　　　　低碳钢板点焊工艺参数

厚度（mm）	焊接电流（A）	焊接通电时间（s）	电极头直径（mm）	电极压力（N）	熔核直径（mm）
0.3	3 000 ~ 4 000	0.06 ~ 0.20	3	300 ~ 400	4
0.5	4 000 ~ 6 000	0.12 ~ 0.48	4	450 ~ 1 350	4.3
0.8	5 000 ~ 7 500	0.16 ~ 0.6	5	600 ~ 1 900	5.3
1.0	5 600 ~ 8 800	0.20 ~ 0.72	5	750 ~ 2 250	5.4
1.2	6 100 ~ 9 800	0.24 ~ 0.8	6	850 ~ 2 700	5.8
1.5	7 090 ~ 10 000	0.3 ~ 0.9	6	1 400 ~ 3 800	5.8
2.0	8 000 ~ 13 300	0.4 ~ 1.28	8	1 500 ~ 4 700	7.6
3.0	10 000 ~ 17 000	0.64 ~ 2.1	10	2 600 ~ 8 000	8.5

二、电阻凸焊操作规范

要根据电阻凸焊焊件的工艺要求设计凸点形状、确定凸焊电极、焊前焊件表面清理及选择凸焊参数等。

1. 凸点形状设计

凸点可设计成半圆形、圆锥形和带溢出环形槽的半圆形，如图5—14所示。以半圆形及圆锥形应用最广。凸点尺寸见表5—3。

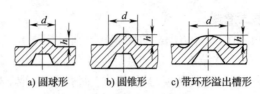

a) 圆球形　　b) 圆锥形　　c) 带环形溢出槽形

图 5—14　凸点形状

表 5—3	凸点尺寸		mm

凸点所在位置厚度	焊件厚度	凸点尺寸	
		直径 d	高度 h
0.5	0.5	1.8	0.5
	2.0	2.3	0.6
1.0	1.0	1.8	0.5
	3.2	2.8	0.8
2.0	1.0	2.8	0.7
	4.0	4.0	1.0
3.2	1.0	3.5	0.9
	5.0	4.5	1.1
4.0	2.0	6.0	1.2
	6.0	7.0	1.5
6.0	3.0	7.0	1.5
	6.0	9.0	2.0

2. 凸焊的电极

（1）点焊用的圆形平头电极用于单点凸焊时，电极头直径应不小于凸点直径的两倍。

（2）大平头棒状电极适用于局部位置的多点凸焊。

（3）具有一组局部接触面的电极，将电极在接触部位加工出突起接触面，或将较硬的铜合金嵌块固定在电极的接触部位。

3. 焊前清理

按点焊要求进行焊件清理。

4. 确定凸焊参数

以低碳钢单点凸焊为例，确定凸焊工艺参数（见表5—4）。

表5—4　　　　　　　　低碳钢单点凸焊的工艺参数

焊件厚度 （mm）	焊接电流 （A）	焊接通电时间 （s）	电极压力 （N）	电极头直径 （mm）
1.0	6 500 ~ 7 500	0.28 ~ 0.32	1 750 ~ 1 800	6
1.5	8 500 ~ 9 500	0.36 ~ 0.40	2 800 ~ 2 900	7
2.0	12 500 ~ 13 000	0.48 ~ 0.52	5 400 ~ 5 600	10
2.5	14 500 ~ 15 000	0.48 ~ 0.52	6 800 ~ 7 100	12
3.0	16 000 ~ 16 500	0.48 ~ 1.52	7 500 ~ 7 800	14
4.0	16 000 ~ 16 500	0.98 ~ 1.04	9 200 ~ 9 600	16
5.0	18 500 ~ 19 000	1.58 ~ 1.64	12 500 ~ 13 000	16
6.0	23 000 ~ 23 500	2.38 ~ 2.42	16 200 ~ 16 800	18

三、电阻缝焊操作规范

1. 焊前准备

焊前准备与点焊相同。

2. 缝焊接头

缝焊接头与点焊相同。

3. 装配

采用定位销或夹具进行装配。

4. 定位焊点焊的定位

定位焊点焊或在缝焊机上采用脉冲方式进行定位，焊点间距为75 ~ 150 mm，定位焊点的数量应能保证焊件足能固定住。

定位焊的焊点直径应不大于焊缝的宽度，压痕深度小于焊件厚度的10%。

5. 定位焊后的间隙

（1）低碳钢和低合金结构钢。当焊件厚度小于0.8 mm时，间隙要小于 0.3 mm；当焊件厚度大于 0.8 mm 时，间隙要小于 0.5 mm。重要结构的环焊缝应小于 0.1 mm。

（2）不锈钢。当焊缝厚度小于 0.8 mm 时，间隙要小于 0.3 mm，重要结构的环型焊缝应小于 0.1 mm。

（3）铝及合金。间隙小于较薄焊件厚度的 10%。

6. 选择缝焊参数

以低碳钢为例，选择缝焊工艺参数（见表 5—5）。

表 5—5   低碳钢缝焊工艺参数

焊件厚度（mm）	0.5	0.8	1.0
焊接电流（A）	8 500～10 000	11 000～12 000	12 500～13 500
焊接速度（m/min）	1.2	1.1	1
电极压力（N）	2 000～2 500	2 500～3 500	3 500～4 000
焊接通电时间（s）	0.04	0.06	0.06

四、电阻对焊操作规范

1. 焊前准备

（1）电阻对焊的焊前准备

1）两焊件的端面形状和尺寸应相同，否则难以保证两焊件的加热和塑性变形一致。

2）焊件的端面以及与夹具接触面必须清理干净，否则，端面的氧化物和脏物会直接影响接头的质量。与夹具接触的焊件表面的氧化物和脏物会增大接触处电阻，使焊件表面烧伤、夹具磨损加快及增大功率消耗。可用砂布、砂轮、钢丝刷等机械方法清理，也可使用化学清洗方法（如酸洗）。

3）电阻对焊接头中易产生氧化物夹杂，焊接质量要求高的稀有金属、某些合金钢和有色金属时，可采用氩、氦等保护气体来解决。

（2）闪光对焊的焊前准备

1）闪光对焊时，由于端部金属在闪光时被烧掉，所以对端面清理要求不高，但对夹具和焊件接触面的清理要求和电阻对焊相同。

2）对大截面焊件进行闪光对焊时，最好将一个焊件的端部倒角，使电流密度增大，以利于激发闪光。

3）两焊件断面形状和尺寸应基本相同，其直径之差不应大于15%，其他形状不应大于10%。对焊接头均设计成等截面的对接接头。

2. 电阻对焊工艺参数

低碳钢棒材的电阻对焊工艺参数及低碳钢棒材的电阻闪光对焊工艺参数，分别见表5—6、表5—7。

表5—6　　　　低碳钢棒材的电阻对焊工艺参数

端面积 （mm²）	伸出长度 （mm）	电流密度 （A/mm²）	焊接时间 （s）	焊接压强 （MPa）	顶锻留量（mm）	
					有电	无电
25	6	200	0.6	10～20	0.5	0.9
50	8	160	0.8	10～20	0.5	0.9
100	10	140	1.0	10～20	0.5	1.0
250	12	90	1.5	10～20	1.0	1.8

表5—7　　　　低碳钢棒材的电阻闪光对焊工艺参数

直径（或短边） （mm）	伸出长度 （mm）	闪光留量 （mm）	闪光时间 （s）	顶锻留量 （mm）
5	4.5	3	1.50	1
6	5.5	3.5	1.90	1.3
8	6.5	4	2.25	1.5
10	8.5	5	3.25	2
12	11	6.5	4.25	2.5
14	12	7	5.00	2.8
16	14	8	6.75	3
18	15	9	7.50	3.3
20	17	10	9.00	3.6
25	21	12.5	13.00	4.0
30	25	15	20.00	4.6
40	33	20	45.00	6.0
50	41	25	90.00	6.6

五、点焊与凸焊的安全技术

1. 点焊安全技术

（1）装有电容储能装置的焊机，在密封的控制箱门上，应有联锁机构，当开门时应使电容短路。手动操作开关亦应附加电容短路安全措施。

（2）复式，多工位操作的焊机应在每个工位上装有紧急制动按钮。

（3）手提式焊机的构架，应能经受操作中产生的震动，吊挂的变压器应有防坠落的保险装置，并应经常检查。

（4）焊机的脚踏开关，应有牢固的防护罩，防止意外开动。

（5）焊机作业点，应设有防止焊接火花飞溅的防护挡板或防护屏。

（6）焊机的安全使用和维护

1）施焊时，焊接控制装置的柜门必须关闭。

2）控制箱装置的检修与调整应由专业人员进行。

3）焊机放置的场所应保持干燥，地面应铺防滑板。

2. 凸焊安全技术

凸焊安全技术与点焊安全技术相似。

六、缝焊与对焊的安全技术

1. 缝焊的安全技术

（1）缝焊的安全技术基本上与点焊相同。

（2）缝焊作业时，焊工必须注意电极的转动方向，防止滚轮切伤手指。

2. 对焊的安全技术

除了防止触电和压伤、烫伤等外，还应特别注意防止飞溅伤人及引起火灾（操作者必须戴好防护眼镜）。作业点周围应用防火材料进行隔开，以防止溅伤。

第六节　电阻焊操作训练

一、薄板点焊操作

1. 薄板点焊，焊件图如图 5—15 所示。

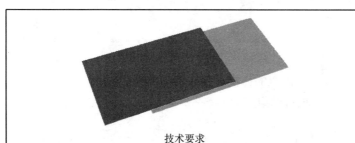

技术要求

1. 薄板焊件采用电阻点焊。
2. 薄板选择 Q235A，尺寸 240×160×1.5，两块点焊成一焊件。
3. 焊件纵向搭接，搭接长度为 170，焊点三列三行均布。
4. 保证焊点良好熔合。

训练内容	材料	工时
薄板电阻点焊	Q235A	15 min

图 5—15　薄板电阻点焊焊件图

2. 点焊操作训练

（1）焊前准备

1）点焊机。DN2—200 型电阻点焊机，电极直径为 6.4 mm，如图 5—16a 所示。

2）焊件。Q235A 钢板，长×宽×厚为 245 mm×160 mm×1.5 mm。每组两块，如图 5—16b 所示。

3）清理焊件表面。用钢丝刷清理焊件表面的铁锈及污物，并在短时间内进行焊接。

a) 点焊机   b) 焊件

图 5—16   点焊机和焊件

（2）电阻点焊机的连接

电阻点焊设备的组成如图 5—17 所示。

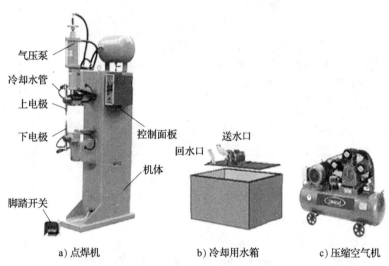

a) 点焊机   b) 冷却用水箱   c) 压缩空气机

图 5—17   电阻点焊设备的组成

1）电阻点焊机与外电源的连接由电工师傅负责，将焊机本体后面的电源的输入端与外部电源的三相闸刀开关相连。为防止绝缘电阻降低时操作者触电，使用 14 mm^2 以上接地导线将焊机接地。

2）用胶管将点焊机的进水口与出水口分别与冷却用水箱连接。要求连接牢靠，保证密封、不泄漏。

3）使用耐压在 0.7 MPa 以上的空气用橡胶管，将压缩空气机与点焊机上的进气口相连接，保证密封、不泄漏。

4）将脚踏开关插头插入点焊机体正下方的插座上，并旋紧。

5）水箱上的水泵及压缩空气机的电源分别插入电源插座上。

至此，电阻点焊设备的整机接线完成，如图 5—18 所示。

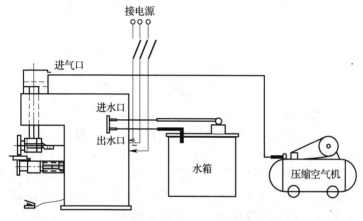

图 5—18　电阻点焊设备的外部连接图

（3）点焊机使用前安全操作

1）检查汽缸内有无润滑油，如无润滑油会很快损坏压力传动装置的衬环。

2）每天开始工作之前，必须通过注油器对滑块进行润滑。

3）接通冷却水，并检查各支路的流水情况和所有接头处的密封状况。

4）检查压缩空气系统的工作状况。

5）拧开上电极的固定螺母，调节好行程然后把固定螺母拧紧。

6）调整焊接压力，应按焊接规范选择适当的压力。

7）断开焊接电流的小开关，踏下脚踏开关，检查焊机各元件的动作，再闭合小开关，调整好焊机。

8）标有电流"通""断"的开关能断开和闭合控制箱中的有关电气部分，使焊机在没有焊接电源情况下进行调整。在调整焊机时，为防止误接焊接电源，可取下调节级数的任何一个闸刀。

9）焊机准备焊接前，必须把控制箱上的转换开关放在"通"的位置，待红色信号灯发亮。

10）装上调节级数开关的闸刀，选择好焊接变压器的调节级数。

11）打开冷却系统阀门，检查各相应支路中是否有水流出，并调节好水流量。

（4）启动焊机调试工艺参数

1）合上电源开关，慢慢打开冷却水阀，并检查排水管是否有水流出；接着打开气源开关，按焊件要求参数调节气压；检查电极的相互位置，调节上、下电极，使接触表面对齐同心并贴合良好，如图5—19所示。

2）根据焊接要求，通过焊接变压器和控制系统调整各开关及旋钮，调节焊接电流、预压时间、焊接时间、锻压时间、休止时间等工艺参数。

3）按启动按钮，接通控制系统，约5 min指示灯亮，表示准备工作结束，可以开动焊机进行焊接。

（5）点焊操作。操作者成站立姿势，面向电极，把焊件放在电极之间，左手持焊件，右手搬动开关，再踏下脚踏开关即可进行焊接。

1）预压。首先将焊件放置在下电极端头待焊处，如图5—20所示，踩下脚踏开关，电磁气阀通电动作，上电极下降压紧焊件，经过一定的时间预压。

图5—19　检查电极的相互位置　　图5—20　焊件放置在电极端头处

2）焊接。触发电路启动工作，按已调好的焊接电流对焊件进行通电加热，如图5—21所示。经过一定的时间，触发电路断电，焊接阶段结束。

3）锻压。在焊件焊点的冷凝过程中，经过一定时间的锻压（见图5—22）后，电磁气阀随之断开，上电极开始上升，锻压结束。

图 5—21　焊接通电加热

图 5—22　焊件焊点经过锻压

4）休止。经过一定的休止时间，若抬起脚踏开关，获得焊点（见图 5—23），则一个焊点焊接过程结束，为下一个焊点焊接做好准备。

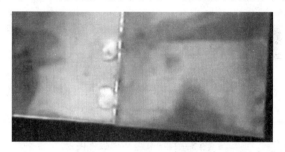

图 5—23　焊接休止获得焊点

（6）停止操作。焊接停止时，应先切断电源开关，然后经过 10 分钟后再关闭冷却水。

二、凸焊操作

1. 电阻凸焊，焊件图如图 5—24 所示。

2. 电阻凸焊操作训练

（1）焊前准备

1）焊机。DTN—25 型电阻点凸焊两用机。

2）焊件。由销钉和孔板组成（见图 5—25），销钉选用 30 钢，将其销钉柱加工为 $\phi12$ mm $\times 30$ mm，端头倒角 $C1$，销钉帽 $\phi20$ mm $\times 6$ mm。孔板选用 Q235A 钢板，加工尺寸为 50 mm $\times 50$ mm $\times 6$ mm，中心钻削 $\phi12.5$ mm 的孔，接触销钉帽侧倒角 $C1$。

技术要求

1. 销钉与孔板连接，采取凸焊操作。

2. 孔板选用 Q235A 钢板，尺寸为 $50 \times 50 \times 6$，中心加工 $\phi12.5$ 的孔，接触销钉帽侧倒角 $C1$。

3. 销钉选用 30 钢加工，销钉柱尺寸 $\phi12 \times 30$，端头倒角 $C1$，销钉帽 $\phi20 \times 6$。

4. 凸焊数量 50 组。

训练内容	材料	工时
电阻凸焊销钉与孔板	孔板 Q235A 销钉 30 钢	8 min

图 5—24　电阻凸焊焊件图

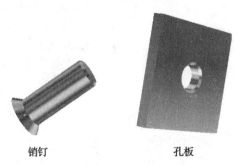

销钉　　　　　　　　　　孔板

图 5—25　焊件由销钉和孔板组成

3）清理焊件表面。用钢丝刷清理焊件表面的铁锈及污物，并在短时间内进行焊接。

（2）凸焊机使用前安全操作

1）打开给水阀，确认冷却水的流通；使用常温在 30℃ 以下的冷却水。如果冷却水量不足或超过 30℃ 时，凸焊机不启动。

2）用调节阀调整压缩空气，右旋调节阀，电极加压力增加，左旋减少，使电极加压力适应被焊件的厚度。

3）调节节流阀使电极下降，通过推进或拉出加压头上的限位销，实现电极的工作行程和辅助行程的调整。

4）通过节流阀可任意调整电极下降、上升速度。右旋变慢，左旋变快，调到适当速度后，用锁定螺母固定。

（3）启动焊机调试工艺参数

1）焊接电流的大小通过调节控制器面板上的焊接电流数字开关来进行。

2）电极的压力可通过进气的调节阀来控制，通过调节阀把压力表上的指示调整到设定值。

3）焊接时间及其延时时间，可以用控制面板上的相应数字开关设定。

初定调试参数为：焊接电流为 24 000 A，电极压力 16 300 N（选择电极头直径 18 mm），焊接时间为 2.4 s，延时时间 0.4 s。可通过不同的参数进行试焊，找到最佳的焊接工艺参数。

（4）凸焊操作。开启控制箱电源开关，电源指示灯亮。操作者成站立姿势，焊件如图 5—26 装配（将销钉插入孔板中）放在电极之间，左手持焊件，右手搬动开关，踩下脚踏开关，电磁气阀通电动作，上电极下降压紧焊件，经过一定的时间预压。触发电路启动，按预设的焊接电流对焊件进行通电加热—焊接，见图 5—27a，经过一定的时间，触发电路断电焊接结束。经过锻压，焊点冷凝，电磁气阀随之断开，上电极开始上升，抬起脚踏开关，则一个焊接过程结束，获得的焊件见图 5—27b。接下来，为下一个焊件的焊接做准备。

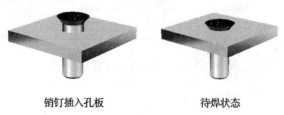

销钉插入孔板　　　　　　待焊状态

图 5—26　销钉与孔板的装配

a) 通电加热—焊接   b) 完成的焊件

图 5—27　焊件的焊接

凸焊操作结束，必须切断电源，并停止水源和压缩空气的供应。

三、缝焊操作

1. 不锈钢筒体电阻缝焊，焊件图如图 5—28 所示

技术要求

1. 焊件由筒体和筒底组成。

2. 筒体和筒底均为不锈钢 07Cr19Ni11Ti，尺寸分别为 $\phi400 \times 500 \times 1.0$ 和 $\phi397 \times 5 \times 1.0$。

3. 将筒底插入筒体，使其端边与筒体端边齐平，然后采用电阻缝焊，保证焊件的密封性。

训练内容	材料	工时
不锈钢筒体电阻缝焊	07Cr19Ni11Ti	10 min

图 5—28　不锈钢筒体电阻缝焊焊件图

2. 电阻缝焊操作训练

（1）焊前准备

1）焊机。采用 FN—160—1 型缝焊机。

2）焊件。按焊件图的要求，将不锈钢 07Cr19Ni11Ti 的筒体和筒底分

别加工为 ϕ400 mm $\times$500 mm $\times$1.0 mm 和 ϕ397 mm $\times$5 mm $\times$1.0 mm。

3）装配。将筒底插入筒体，使其端边与筒体端边齐平，如图5—29 所示。

（2）缝焊机使用前的安全操作

1）焊机使用前应进行外部检查，特别是次级回路的接触部分。在拧紧电极的减震弹簧时，使距焊轮较远的弹簧较紧，中间的次之，距焊轮较近的弹簧则较松。

图 5—29　不锈钢筒体的装配

2）调整电极的支撑装置，保持正确的位置，使导电轴不受焊轮的压力。

3）检查主动焊轮转动的方向，一般从右到左。

4）为了使上下焊轮的边缘相互吻合，沿下导电轴的螺纹移动接触套筒，且用锁紧螺母紧固。

（3）启动焊机调试工艺参数

1）焊接压力的调节

①焊接压力由汽缸上气室中压缩空气的压力决定，压缩空气用减压阀调节。

②当需要减小储气室内压缩空气压力时，要放松减压阀上的调节螺丝，旋开通过储气筒上的旋塞，把部分压缩空气从储气室中放出，然后再增高压力到所需值。

③上电极部分的起落可用支臂上的前部开关操纵，但必须先踏下脚踏开关的踏板一次。

④在调节时，为了防止误接通焊接电流，应取下调节级数开关上的闸刀。

2）焊接速度的调节

用一定长度的板条，通过焊轮的时间来计算。但要考虑到焊接速度由主动焊轮的直径来决定，并随着焊轮的磨损，焊接速度也相应减小。

在电动机工作时，旋转手轮，即可调节焊接速度。顺时针旋转时，焊接速度增加，逆时针方向旋转时，焊接速度减小。

3）焊接规范的调节

焊接电流的调节可通过改变焊接变压器级数和控制箱上的"热量调节"来进行。而焊接时间包括脉冲和停息周数，可用控制箱上相应的手柄调节。焊接时规范调节的原则是：焊接变压器级数开始时应选得低些，控制箱上"热量控制"手柄放在 1/4 刻度的地方，并使"脉冲"和"停息"时间各为三周，焊接压力偏高一些，然后再改变焊接电流和焊接压力，相互配合选择最佳规范。

初定不锈钢筒体缝焊调试参数为：焊接电流为 12 800 A，焊接速度 100 cm/min，电极压力 3 600 N，焊接通电时间为 0.06 s，可通过试焊，找到最佳的焊接工艺参数。

（4）缝焊操作

1）接上电源，将控制箱门上的开关放在"通"的位置，冷却水接通并正常。选择好焊接变压器的级数，将压缩空气输入气路系统，并用减压阀确定电极压力。

2）将不锈钢筒体放到下焊轮上，踏下脚踏开关的踏板使焊件压紧，将开关拨到焊接电流"通"的位置，第二次踏下踏板，焊接开始，如图 5—30 所示。

图 5—30 不锈钢筒体的缝焊操作

3）当焊件焊好后，第三次踏下踏板，切断电流，使电极向上，并停止电极的转动。

（5）缝焊结束，停止工作后，必须切断电源，并停止水源和压缩空气的供应，如果焊机长期停用，必须将焊机零件的工作表面涂上油脂，涂漆面擦干净。

四、对焊操作

1. 圆钢闪光对焊的焊件图，如图5—31所示

技术要求

1. 焊件采用电阻闪光对焊进行焊接。
2. 圆钢选用材质为Q235A，尺寸为φ16×140，两根为一焊件。
3. 焊后保证两圆钢同轴。

训练内容	材料	工时
圆钢闪光对焊	Q235A	15 min

图5—31　圆钢闪光对焊焊件图

2. 电阻对焊操作训练

（1）焊前准备

1）焊机。UN1—25型闪光对焊机。

2）焊件。按图样要求，将Q235A、φ16 mm圆钢下料，准备2段，长度为140 mm作为待焊的电阻对焊焊件。

3）焊前清理。用钢丝刷清理焊件表面及待焊端面的铁锈及污物，并在短时间内进行焊接。

（2）电阻闪光对焊机的安装与连接

1）焊机有四个φ18 mm安装孔，用螺丝固定于地面，不需要特殊地基。

2）将焊机后面的电源输入端与外部电源电压为380 V的三相闸刀开关相连。一次侧引线不宜过细过长。为防止绝缘电阻降低时操作者触电，使用14 mm^{2}以上接地导线将焊机接地。

3）焊机应连接冷却水，应保证在0.15~0.2 MPa压力下，选用水温在5~30℃的工业用水。

（3）电阻闪光对焊机的基本操作（见图5—32）

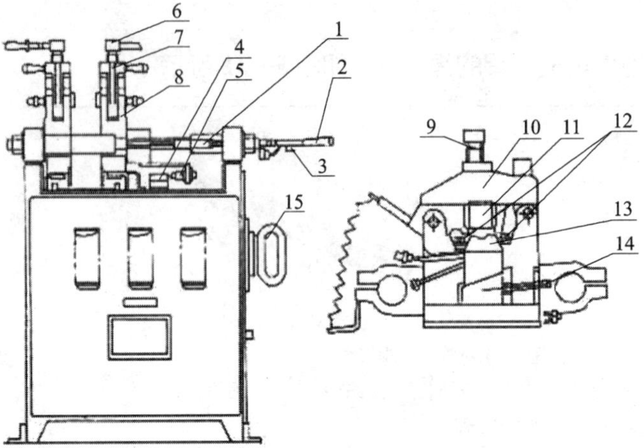

图 5—32　UN1—25 型闪光对焊机示意图

1—调节螺丝　2—操纵杆　3—按钮开关　4—行程开关　5—行程螺丝
6—手柄　7—套钩　8—电极座　9—夹紧螺丝　10—夹紧臂
11—上钳口　12—下钳口紧固螺丝　13—下钳口　14—下钳口调节螺杆　15—插头

1）对焊机的机构使用方法

①转动手柄。对焊机为手动偏心轮夹紧机构。当转动手柄时，偏心轮通过夹具上板对焊件加压，上下电极间距离可通过螺钉来调节。当偏心轮松开时，弹簧使电极压力去掉。

②选择钳口。焊前先按焊件的形状选择钳口，如焊件为棒材，可直接用焊机配置钳口；如焊件异型，应按焊件形状定做钳口。

③调整钳口。使钳口两中心线对准，将两试棒放于下钳口定位槽内，观看两试棒是否对应整齐。如能对齐，焊机即可使用；如对不齐，应调整钳口。调整时先松开紧固螺丝，再调整调节螺杆，并适当移动下钳口，获得最佳位置后，拧紧紧固螺丝。

④调整钳口的距离。按焊接工艺的要求，调整钳口的距离。当操纵杆在最左端时，钳口（电极）间距应等于焊件伸出长度与挤压量之差；当操纵杆在最右端时，电极间距相当于两焊件伸出长度，再加2～3 mm（即焊前之原始位置），该距离调整由调节螺丝获得。

2）焊件装入钳口的夹紧动作

①先用手柄转动夹紧螺丝，适当调节上钳口的位置。

②把焊件分别插入左右两上下钳口间。

③转动手柄，使夹紧螺丝夹紧焊件。焊工必须确保焊件有足够的夹紧力，方能施焊，否则可能导致烧损机件。

④将待焊的两焊件焊接面对齐装配，且压紧，就可进行焊接。

3）焊接完成后焊件取出动作

①焊接过程完成后，用手柄松开夹紧螺丝。

②将套钩卸下，则夹紧臂受弹簧的作用而向上提起。

③取出焊件，拉回夹紧臂，套上套钩，进行下一轮焊接。

4）调节对焊参数

可通过活动插头，在三个大小不同的电流挡位中选择所需的焊接电流，将活动插头插入插座内即可。

闪光对焊参数为：伸出长度 14 mm、焊接电流 2 kA、闪光流量 8 mm、闪光时间 6.75 s、顶锻流量 3 mm、顶锻压强 70 MPa 、夹钳的夹持力 3 500 N。

（4）圆钢闪光对焊操作

1）先将两焊件的焊接面对齐装配成对接接头，调节伸出长度为 14 mm，且压紧，如图 5—33 所示。

2）将夹在电极中的 2 段焊件移近到相互接触状态，但不能压紧，仅有一些点接触，接触电阻很大、电流密度大（约 2 000 A），迅速将接触处的金属加热熔化，如图 5—34 所示。

图 5—33 装配焊件　　　　　图 5—34 移近焊件

3）熔化金属形成"过梁"，在焊接电流的作用下，被迅速加热到沸点而引起蒸发，形成过梁爆破进入闪光状态。随着动电极的缓慢推进，过梁不断产生和爆破，如图 5—35 所示。

4）焊接面形成一层液态金属，进入顶锻阶段。对焊件施加足够的顶锻压力，然后切断焊接电流，如图5—36所示。

5）在顶锻力的作用下挤出接触面的液态金属及氧化物等杂质，使洁净的塑性金属紧密接触，获得牢固的焊接接头，如图5—37所示。

图5—35　闪光阶段

图5—36　顶锻阶段

图5—37　闪光对焊焊接接头

第六章　摩擦焊安全

第一节　摩擦焊的基本原理、特点及适用范围

一、摩擦焊的基本原理

摩擦焊时，大多数情况下是使两个焊件之一绕着垂直于接合面的对称轴旋转。如两个圆截面焊件摩擦焊接时的原理如图 6—1 所示。

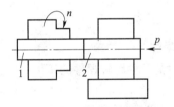

图6—1　摩擦焊原理示意图

1、2—焊件　n—转速　P—轴向压力（摩擦力或顶锻力）

首先将焊件 1 夹持在可以高速旋转的夹头上。开始时，焊件 1 高速旋转，然后焊件 2 向焊件 1 方向移动使之接触，并施加一定的轴向压力，此时摩擦加热端面，当达到规定的摩擦变形量（即焊件 2 的摩擦位移量）以后，立即停止焊件 1 的旋转，同时对接头施加较大的顶锻压力。接头在顶锻压力的作用下产生一定的塑性变形，在保持一段时间以后，松开两个夹头，取出焊件，完成焊接过程。这是最普通的摩擦焊的方法。

二、摩擦焊的特点及适用范围

1. 摩擦焊的优点

（1）接头质量好，稳定，废品率低。

（2）适应于异种材料的焊接，如工具钢、镍合金的焊接以及铜与不锈钢、铜与铝、钢与铝的焊接。

（3）焊接尺寸精度高，可以实现直接装配焊接。

（4）焊接生产率高，是闪光焊的 4~5 倍。

（5）与熔化焊相比，摩擦焊实现的是固态焊接，因此接头通常有较好的力学性能和较窄的热影响区。

（6）焊机耗能少，而且需要的功率小。

（7）加工费用低，接头焊前不需特殊清理，接头上的飞边有时可以不必去除，焊接时不需要填充材料和保护气体。

（8）设备易于实现机械化和自动化，操作技术简单，容易掌握。

（9）工作场地卫生，没有火花、弧光及有害气体，有利于环境保护，适于设置在自动生产线上。

2. 摩擦焊的局限性

（1）摩擦焊主要是一种旋转焊件的压力焊方法，因此非圆截面焊件的焊接较困难。

（2）大截面焊件的焊接受到焊机主轴电动机功率及压力的限制，因此摩擦焊焊件最大截面积不超过 20 000 mm^2。

（3）大型盘状焊件和薄壁管件由于不易夹持，因此焊接这类焊件有一定困难。

（4）对于摩擦系数特别小及脆性材料很难进行摩擦焊。

（5）摩擦焊机的一次投资较大，因此不适于单件生产，而更适于大批量集中生产。

第二节　摩擦焊的分类

摩擦焊的分类通常按接头的摩擦运动形式来进行分类。

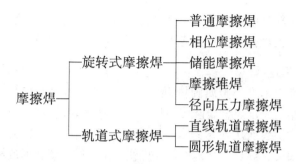

一、旋转式摩擦焊

旋转式摩擦焊主要是焊接那些圆形截面的焊件，如圆棒、轴和管子等。只要两个焊件的焊接表面有一个是圆面，都可以采用旋转式摩擦焊。它是以焊件结合面中心为轴做旋转摩擦运动。可根据能源及焊件不同，旋转式摩擦焊又分为普通摩擦焊、相位摩擦焊、储能摩擦焊、摩擦堆焊和径向压力摩擦焊。

1. 普通摩擦焊

在焊接过程中，焊件被主轴电机连续驱动，以恒定的转速旋转，所以又称连续摩擦焊，焊接原理如图6—1所示。

2. 相位摩擦焊

在焊接如六方钢、八方钢和汽车操纵杆等产品时，要求两个焊件焊后的棱边或方向对正，相位配合适当，这样需采用相位配合摩擦焊。普通摩擦焊在焊件停止旋转和顶锻以后，两个焊件的焊接相位是不能控制的。但是，相位摩擦焊通过对焊接相位加以控制，可以完成一些有相位配合要求的焊件。

3. 储能摩擦焊

储能摩擦焊是在大功率短时间焊接时，为了降低主轴电动机的功率，利用和主轴相联结的飞轮储能来焊接。若焊接所需能量全部取自飞轮，通常称为惯性摩擦焊。焊接时飞轮储存的能量全部用于接头的摩擦加热，焊接过程终了时，焊件和飞轮同时停止旋转。若焊接所需能量一部分取自飞轮，而另一部分仍取自主轴电动机则称为飞轮摩擦焊，它兼有普通摩擦焊和惯性摩擦焊的特点。飞轮摩擦焊飞轮储存的能量只有一部分用于接头的摩擦加热，焊接过程在终了之前，焊件通过离合器与飞轮脱开，停止旋转。

4. 摩擦堆焊

摩擦堆焊是堆焊金属圆棒以高速旋转，并向焊件施加摩擦压力。此时母材相对于堆焊金属圆棒也以一定的速度转动或移动，在摩擦加热过程中摩擦表面从堆焊金属与母材的交界面移向堆焊金属一边。由于母材体积大，导热性好，冷却速度快，在母材上就会形成堆焊焊缝。

5. 径向压力摩擦焊

径向压力摩擦焊是将一个带有斜面的圆环装在一对开坡口的管子端面上。焊接时只是圆环旋转，被连接的管子本身并不转动。在摩擦加热过程中向两个被焊管端施加径向摩擦压力，当摩擦加热终了时，停止圆环的转动，并施加顶锻力，完成焊接。此种摩擦焊方法管子内部不产生飞边，全部焊接过程大约只需 10 s，适用于长管、套管和轴的焊接。

二、轨道式摩擦焊

轨道式摩擦焊分为直线轨道（往复振动）摩擦焊与圆形轨道摩擦焊，焊接原理如图 6—2 所示。

轨道式摩擦焊主要用于焊接非圆截面焊件。图 6—2a 所示摩擦焊为焊件沿直线轨道以一定的振辐和频率往复运动，使连接表面相对地反复振动摩擦。图 6—2b 所示的摩擦焊为焊件是以一定的半径和转速运动，使焊接表面作相对的移动摩擦。当接头的加热温度达到要求的数值以后，即停止焊件的摩擦运动，进行顶锻焊接。

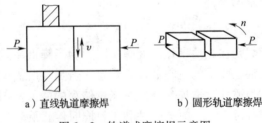

a）直线轨道摩擦焊   b）圆形轨道摩擦焊

图 6—2　轨道式摩擦焊示意图

P—压力　n—摩擦转速　v—振动速度

第三节 摩擦焊机的结构及技术参数

一、摩擦焊机的结构

目前应用最广泛的摩擦焊机是旋转式一般连续驱动摩擦焊机，其结构如图 6—3 所示。全机由主轴系统、加压系统、机身、夹头、辅助装置及控制系统组成。

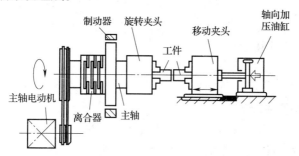

图 6—3 一般连续驱动摩擦焊机的结构

1. 主轴系统的主要部件

主轴系统的主要部件有主轴电动机、离合器、制动器、主轴、主轴轴承。主轴系统的作用是传递功率和扭矩，它的工作比较艰巨、复杂，且转速高。

2. 加压系统

加压系统分为加压机构和受力机构两个部分。加压机构主要采用液压方式。受力机构是指平衡摩擦压力和顶锻压力的机构，以及平衡摩擦扭矩的构件。摩擦焊机的加压系统中的受力机构是多种多样的，但都必须防止轴向压力和摩擦扭矩引起的焊机变形，保持主轴系统和加压系统的同心度，以保证焊接接头的质量。常用的受力机构是受力拉杆。

3. 机身

摩擦焊机的主轴箱、导板、加压油缸和受力拉杆都安装在机身上，机身不仅要平衡轴向压力引起的力矩，而且也要受到摩擦扭矩的作用。机身一般采用焊接箱形结构，要求机身要有足够的强度和刚度。

4. 夹头和辅助装置

夹头的设计和一般的夹具设计相类似。常用的旋转夹头有自定心弹簧夹头和三爪夹头两种。辅助装置包括自动送料装置和自动切除飞边装置等。

5. 控制系统

控制系统包括焊机的操作程序控制以及保证焊接质量的规范控制。焊机的操作程序控制是控制焊机按预先规定的动作次序，完成从送料、夹紧焊件、摩擦加热、顶锻焊接、直到退出焊件为止的全过程。摩擦焊的规范控制方法有时间控制、摩擦加热功率峰值控制、变形量控制和综合参数控制四种。

二、摩擦焊机的技术参数

1. 摩擦焊机分类

（1）按用途分有通用焊机和专业焊机两种。

（2）按焊机的功率大小分有大型、中型、小型和微型焊机。

（3）按焊机的摩擦运动方式分有一般连续驱动摩擦焊机、特殊连续驱动摩擦焊机、储能摩擦焊机等。

2. 摩擦焊机的型号及技术数据

摩擦焊机的型号及技术数据见表6—1。

表6—1　　　　　　　摩擦焊机的型号及技术数据

型号		C—10	C—25	C—40	C—200	C—250	C—630	C—800	C—1 250
最大顶锻力（kN）		10	25	40	200	250	630	800	1 250
主轴旋转（r/min）		5 000	3 000	2 500	2 000	1 350	575	850	580
焊件直径（mm）（中碳钢）		6.5 ~ 10	5 ~ 10	8 ~ 14	12 ~ 34	8 ~ 40	60 ~ 114	40 ~ 75	60 ~ 140
夹具夹料长度（mm）	旋转	20 ~ 180	50 ~ 270	50 ~ 270	50 ~ 335	50 ~ 300	2 500 ~ 10 000	80 ~ 125	—
	移动	5 ~ 150	10 ~ 370	100 ~ 370	80 ~ 172	70 ~ 800	1 800 ~ 10 000	115 ~ 250	—

续表

型号	C—10	C—25	C—40	C—200	C—250	C—630	C—800	C—1 250
滑台最大行程（mm）	200	320	320	415	300	—	500	460
顶锻保压时间（s）	0~5	0~8	0~8	0~8	0~8	3~30	0.1~40	0.1~40
摩擦时间（s）	0~10	0~10	0~10	0~40	0~40	1~30	0.1~40	0.1~40
刹车时间（s）	≤0.3	≤0.3	≤0.3	≤0.3	≤0.3	—	—	—
摩擦工进速度（mm/s）	2~20	2~20	2~20	1~12	—	2~505	≤50	
顶锻速度（mm/s）	<100	50	50	32	30	50	50	22
机械化程度	半机械化							
型号	C—10	C—25	C—40	C—200	C—250	C—630	C—800	C—1 250
规范控制方法	以摩擦时间控制焊接过程							
说明	机械、工具、内燃机制造等行业中零件的焊接	工具制造行业、汽车、内燃机、机器制造行业、轻工、纺织、自行车等行业零件的焊接		工具制造行业、机械制造行业零件的焊接		长管摩擦焊机、管径25~54 mm	工具制造、汽车、拖拉机制造、机械制造行业等零件的焊接	石油钻杆的焊接、备有切除内外飞边装置

第四节　摩擦焊操作规范和安全要求

一、摩擦焊操作规范

1. 接头形式

摩擦焊局限于平面对接及斜面对接两种接头形式，而且对接须对称于旋转轴，一般有轴对轴、轴对管子、管子对管子、管子对平板和轴对平板等，如图6—4所示。

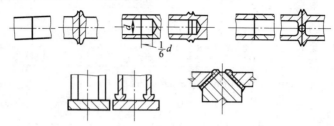

图6—4　摩擦焊接头形式

（1）端面设计。摩擦焊焊件要求端面平整，中心部位不能有凹面及中心孔，端面不垂直度小于直径的1%。端面上的厚镀铬或渗碳、渗氮层应在焊前除去。

（2）热平衡设计。对锻压温度及导热性差异较大的异种金属，必须采取热平衡措施。当管子与薄板组成的管板焊接时，板上的孔应小于管子内径，以免管板孔周围过热。管子和厚板组成的管板焊可用同样内径的孔；当合金钢与镍合金焊接时，合金钢焊件的直径应比镍合金大1/16～1/8，如是管子，则合金钢管的内径应小1/16～1/8；当焊刃具时，如均为工具钢，可采用轴对平板的形式，如用合金钢刀柄则设计成轴对轴的形式。

（3）毛刺溢出槽的设计。在封闭型接头中应设计有毛刺溢出槽，以利于氧化夹杂物及毛刺的挤出。

2. 焊前清理

焊件端面应用机械或化学方法进行清理。

3. 焊接参数

摩擦焊的焊接参数主要有转速、摩擦压力、摩擦时间、刹车时间和顶锻压力，还有由这些主要参数引起的二次参数如摩擦变形量、顶锻变形量、摩擦扭矩和接头的摩擦加热温度，它们反映了摩擦焊过程最本质的现象，如发热、变形等。

（1）参数

1）转速。当焊件直径一定时，结合面上任一点的摩擦速度与转速成正比。转速升高则结合面温度升高，形成的是小薄翅膀飞边，同时产生外圆部分封闭不良；转速降低有利于变形层金属大量挤出并有效地控制金属的氧化。

2）摩擦压力。为了保证摩擦表面的良好接触和产生足够的热量，摩擦压力不能太小，摩擦压力增大，变形层加厚，形成粗大而不对称的飞边。低碳钢焊接时，摩擦压力为 20 ~ 100 MPa。

3）摩擦时间。摩擦时间太短，结合面加热不足。摩擦时间太长，接头金属容易过热，变形量大，飞边大，消耗的能量也大。

4）刹车时间。当变形层较厚时，停车时间要短。当变形层较薄时，停车时间要长。

5）顶锻压力。其作用是挤出液态金属及氧化物，并使接头金属得到锻造，结合紧密，晶粒细化。顶锻压力的大小取决于焊件材质、接头的温度和变形层厚度。焊件的高温强度大时，顶锻压力也大；焊件接头的温度高或变形层厚时，顶锻压力较小。碳钢在连续驱动摩擦焊时，顶锻压力为摩擦压力的 2 ~ 3 倍。顶锻压强一般为 100 ~ 200 MPa，顶锻变形量为 1 ~ 6 mm，顶锻速度为 10 ~ 40 mm/s。

(2) 焊接参数的选择。应根据焊件的材质、形状、尺寸、表面和对接接头质量的要求，以及焊机的功率及技术数据来选择。选择方法如下：

1）对于低碳钢、中碳钢、高碳钢、低合金钢的同种材料及由其组成的不同材料的焊接，可采用低碳钢的焊接工艺参数。

2）小直径焊件采用强条件（即转速低、摩擦压力大、摩擦时间短），而大端面焊件采用弱条件（即转速高、摩擦压力小、摩擦时间长）。

焊接大直径焊件时，在摩擦速度不变情况下应相应降低转速。焊件直径增大，摩擦压力在摩擦表面上分布不均，摩擦变形阻力增大，变形层的扩展需要较长时间，因此在保持摩擦变形量不变的情况下需要较大的摩擦压力或较长的摩擦时间。

3）焊接不等断面的碳钢和低合金钢焊件时，由于导热条件不同，在接头上的温度分布和变形层的厚度也不同。为了得到较均匀的温度分布和相等厚度的变形层，需要采用转速较低、摩擦压力大、摩擦时间短的强规范。

4）管子焊接时，为了减少管内毛刺，在保证焊接质量的条件下应减小摩擦变形量和顶锻变形量。

5）焊接高温高强度的高合金钢时，需要增大摩擦压力和顶锻压力，并适当延长摩擦时间。

6）焊接高温强度差别比较大的异种金属时，除了在高温强度低的材料一方加一个模子以外，主要适当延长摩擦时间，提高摩擦压力和顶锻压力。焊接产生脆性合金层的异种金属时，需要采用模子封闭接头金属，降低焊接速度，增大摩擦压力和顶锻压力。

二、摩擦焊安全要求

1. 摩擦焊机的高速旋转部位，应用合适的防护罩及挡板。

2. 连续生产的摩擦焊机应注意各个动作之间的连锁及保护。

3. 焊机主轴停车和停止加压的急停按钮要装在醒目和操作方便的地方。

4. 摩擦焊机的操作者应穿工作服，戴防护镜。

第五节 摩擦焊操作

一、钻杆摩擦焊

钻杆摩擦焊焊件图如图 6—5 所示。

技术要求

1. 焊件采取摩擦焊焊接。

2. 焊件由柱头与柱杆组成，柱头与柱杆的材质分别为不锈钢 07Cr19Ni11Ti 和 45 钢。

3. 柱头尺寸为粗径 $\phi24 \times 30$，细径 $\phi16 \times 40$。连接处倒角为 $C4$，柱杆尺寸为 $\phi16 \times 100$。

4. 摩擦焊后保证 $\phi16$ 的柱头与柱杆同轴。

训练内容	材料	工时
钻杆摩擦焊	07Cr19Ni11Ti 和 45 钢	10 min

图 6—5 钻杆摩擦焊焊件图

二、摩擦焊操作训练

1．焊前准备

（1）焊机。采用 C—200 型摩擦焊机。

（2）焊件。焊件为钻杆，由柱头与柱杆组成。

柱头材质为不锈钢 07Cr19Ni11Ti，将其加工成粗径 ϕ24 mm ×30 mm、细径 ϕ16 mm ×40 mm、连接处倒角 C4 mm。

柱杆材质为 45 钢，将其加工成 ϕ16 mm ×100 mm。

（3）装配—焊接方式。将钻杆的柱头与 ϕ16mm 柱杆同轴摩擦焊，如图 6—6 所示。

图 6—6　钻杆的柱头与柱杆装配—焊接

2．摩擦焊机使用前的安全操作

（1）焊机使用前应进行外部检查，检查焊机的接地线是否完好。

（2）检查主轴箱润滑、离合、制动情况，低速转动主轴看其是否正常。

（3）检查控制面板上各按钮的位置是否正确等。

（4）开机空转检查，看焊机是否有异常声响。

3．启动焊机调试工艺参数

（1）启动总电源开关，打开冷却水源。

（2）按动控制面板"电源"旋钮，这时"电源"指示灯亮，"冷却水"指示灯"亮"。

（3）按焊接工艺要求，在控制面板上调试工艺参数，如图 6—7 所示。

初定钻杆摩擦焊参数：转速为 2 000 r/min、摩擦压强为 70 MPa、摩擦时间为 10 s、制动时间为 0.02 s、顶锻压强为 400 MPa。可通过试焊找到最佳的焊接工艺参数。

4．摩擦焊操作

（1）在调整状态下，调节滑台、刀架移动速度和距离。

图6—7　在控制面板上调试参数

（2）调节液压系统压力、工作压力、夹紧压力、顶锻压力，检查主轴箱润滑情况。

（3）启动油泵电动机，弹性夹头分别夹紧钻杆的柱头和柱杆，如图6—8所示。

图6—8　夹紧焊件

（4）启动焊接按钮，主轴高速旋转，柱杆移动送进与钻杆的柱头接触摩擦加热（见图6—9），接下来顶锻焊接（见图6—10），直到退出焊件为止。

图6—9　摩擦加热　　　　　图6—10　顶锻焊接

（5）停机前复位，关闭主轴电动机，待主轴停转后，关闭油泵电动机。

5．摩擦焊工作结束后，关闭机床电控总开关，关闭电控柜空气开关。

第七章　扩散焊安全

第一节　扩散焊原理及特点

扩散焊是指在真空或保护气氛中，经过一定的温度和压力的作用，并保持一段时间，使相互紧密接触的焊件表面原子间相互扩散而实现冶金结合的一种焊接方法。

一、扩散焊基本原理

扩散焊是近几年才出现的一种新的焊接方法。它是将两个相互接触的焊件加热到 $0.6 \sim 0.8\,T_m$（T_m 为母材熔点，℃）的扩散焊温度，并施加一定的压力（通常扩散压力为 $0.5 \sim 50$ MPa），经过较长时间的原子相互扩散而得到牢固的连接。为了防止金属接触面在热循环中被氧化污染，一般在真空或惰性气体中（常用氩气）进行扩散焊接。

根据被焊材料的不同特性，可采用不加中间层的扩散焊接和加中间层的扩散焊接。

同种材料扩散焊通常不加中间层，焊后接头的成分、组织与母材基本一致。对于异种材料的扩散焊，如果其接合面上不会形成脆性金属化合物，也可用此种方法焊接。

若不加中间层的扩散焊难以焊接或焊接效果较差时，可在被焊材料之间加入一层熔点低、塑性好的纯金属屑（如铜、镍、银等）作为中间层，便可以焊接很多难焊或冶金上不相容的异种材料。中间层经过充分扩散后其成分接近母材。中间层的厚度一般为几十微米，一般用等离子喷涂、电镀的方法将中间层材料直接涂覆在待焊表面。

二、扩散焊的特点及应用

1. 扩散焊的接头质量好。由于母材既不过热，也不熔化，因此焊缝中不存在各种焊接缺陷。焊接接头组织、性能都与焊件金属接近或相同，利用显微镜也难看出接合面，接头质量高。

2. 可焊接用其他焊接方法难以焊接的焊件和材料。对于塑性差或熔点高的同种材料，对于相互不溶解或在熔焊时会产生脆性金属化合物的那些异种材料，对于厚度相差很大的焊件和结构很复杂的焊件，扩散焊是一种优先选择的方法。

3. 扩散焊不受焊件厚度限制，可以把很薄的和很厚的两个焊件焊接在一起，一次可焊多个接头。

4. 扩散焊加热温度低，焊接压力小，故接头的显微组织和性能与母材接近或相同，而且焊件变形很小，焊后不需进行机械加工。常用于制造真空密封、耐热、耐振和不变形接头，在航空航天工业、电子工业和核工业中某些特种材料、特殊结构的焊接中经常采用。在真空设备中金属与非金属的焊接、切削刀具中硬质合金、陶瓷、高速钢与碳钢的焊接都采用扩散焊的方法。

扩散焊主要不足之处是焊接时间长（从几分钟到几十小时），生产效率较低。焊件待结合面的制备和装配质量要求高。设备一次性投资较大。焊件尺寸受到相对限制等。

第二节　常用保护气体性质与安全要求

一、常用保护气体性质

扩散焊常用保护气体是氩气，常用真空度为 $(1\sim20)\times10^{-3}$ Pa。在超塑成形和扩散焊组合工艺中常用氩气负压（低真空）保护金属板表面。

氩气是目前工业上应用很广泛的稀有气体，在空气中含有0.932%的氩气，其沸点在氧气、氮气之间，在分离氧气、氮气的同时，可将氩气分离提纯，得到氩副产品。

氩气为惰性气体，它的性质十分不活泼，既不能燃烧，也不助燃。由于其密度大，所形成稳定的气流层覆盖在焊件周围，对焊接区有良好的保护作用；并且在常温下不与其他物质发生化学反应，对特殊金属，例如，铝、镁、铜及其合金和不锈钢在焊接时，往往用氩气作为焊接保护气体，以防止焊接件被空气氧化或氮化。

二、常用保护气体的安全要求

焊接用氩气大多以气态形式装入气瓶中，每瓶大约可装 7 000 L 气体，气瓶为灰色，用绿漆标明"氩气"字样，目前我国常用氩气瓶的容积为 33 L、40 L、44 L，最高工作压力为 15 MPa。

氩气瓶在使用中严禁敲击、碰撞；不得用电磁起重机搬运氩气瓶；夏季要防日光暴晒；瓶内气体不能用尽；氩气瓶应直立放置。

氩气管道应该密封、不漏气，防止气体泄漏到工作场所的空气中，要配备泄漏应急处理设备。

氩气对人体无直接危害，但是，如果在工业场所使用后，产生的废气则对人体危害很大。在高浓度时有窒息作用。当空气中氩气浓度高于33%时就有窒息的危险；当氩气浓度超过50%时，出现严重症状；浓度达到75%以上时，人能在数分钟内死亡。因此，生产场所要保持良好通风。

第三节　扩散焊设备结构及工作系统的特点

一、扩散焊设备结构

真空扩散焊设备是通用性好的常用扩散焊设备，其结构如图7—1所示。它主要由真空室、加热器、加压系统、真空系统、温度测控系统及电源等几大部分组成。

1. 真空系统

真空系统主要由真空机组、真空管道、真空阀门三部分组成。真空机组一般由旋片式机械泵和油扩散泵组成。加热前将真空室中的空气抽出，

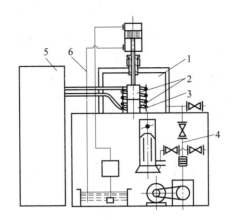

图 7—1 真空扩散焊（高频感应加热）设备的结构
1—真空室 2—焊件 3—高频感应加热圈 4—真空系统 5—高频电源 6—加压系统

先启动机械泵，待真空度达到 5 Pa 以下后转动转向阀，关断机械泵与真空室的直接通路，使机械泵通过扩散泵与真空室相通，利用机械泵与扩散泵同时工作来抽出真空室中的空气并达到所要求的真空度。

2. 高频加热系统

加热系统由高频电源对零件实现加热，加热全过程无论手动还是自动，都由智能温控仪控制，升温速度可控、可调，焊接温度可根据工艺任意设置。

3. 加压系统

加压系统常为液压系统，对小型扩散焊设备也可用机械加压方式，加压系统应保证压力可调且稳定、可靠。在设计传力杆时，应使真空室漏气尽可能小，热量散失尽量少。所设计的上、下传力杆的同轴度误差应小于 0.05 mm，上压头传力杆中可采用带球面的自动调整垫来传力，以保证上压头加压均匀。

二、扩散焊设备工作系统的特点

真空扩散焊设备除加压系统以外，其他几个部分都与真空钎焊加热炉相似。在真空室内的压头或平台要承受高温和一定的压力，因而常用钼或其他耐热、耐压材料制作。常采用双气缸加压，加压范围连续可调。

采用高频感应加热，加热温度范围为 0 ~ 1 000℃，加热速度快，温度、加热速度可控、可调，加热集中。可通过无纸记录仪实时跟踪记录及显示温度、压力、真空度各参数的变化。

采用两级真空系统可短时间内获得高真空度。采用 PLC 控制，可实现焊接过程自动控制及手动、自动转换。

第四节 扩散焊操作规范

一、接头形式

常用的接头形式有对接接头、T 形接头和搭接接头。

二、焊前准备

1. 焊件待结合面的制备

采用机械加工的方法，待结合面的表面粗糙度、平面度等应符合技术要求。

2. 表面清理

表面清理的目的是清除氧化膜、油及其他污物。通常用化学腐蚀方法去除焊件表面的氧化物；用乙醇、三氯乙烯、丙酮等除油。

三、扩散焊参数

温度、压力、时间、真空度、中间层、冶金特性等是影响扩散焊的主要参数。

1. 温度

扩散焊温度一般为 0.4 ~ 0.6 倍的金属熔化温度。温度越高，原子的动能越大，越利于扩散过程的进行；但温度越高，变形应力也越大，因而导致焊件的整体质量下降。

2. 压力

加压力的作用是使待焊结合面产生微观塑性变形，使结合面之间形成最大的接触，挤出氧化物和污染物，并达到原子间的结合，为扩散焊创造条件，增加压力可提高接头强度，但压力过高会引起焊件过大的塑性变形。

3. 时间

增加焊接时间可以满足原子扩散焊所需的时间，并使其相互扩散、固相反应进行到一定程度，有利于提高接头的强度；但时间过长，则晶粒长大及某些异种材料生成的脆性相增加，反而使接头的性能劣化。焊接时间的范围很大，可以从几秒到几十小时，从生产效率考虑，应在满足焊接质量的前提下尽量缩短时间。

4. 真空度

真空度越高，净化作用越强，越利于焊接。但真空度过高则生产成本将会增加。

5. 中间层

中间层能降低焊接温度，增加实际接触面积，降低焊接压力和时间。中间层厚度一般不超过 0.25 mm。

6. 冶金特性

在焊接同种金属时，同素异构转变和显微组织往往会改变扩散速度。通过在合金中加入高扩散系数的元素能增加扩散能力，但焊后必须进行充分热处理，使高扩散系数的元素远离结合面并分散开，这对于在高温下工作的焊件是很重要的。

第五节　扩散焊操作

一、异径不锈钢扩散焊

异径不锈钢加中间层扩散焊焊件图如图 7—2 所示。

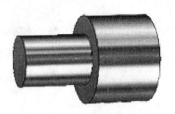

技术要求

1. 焊件为异径不锈钢组合,采取加中间层扩散焊焊接。

2. 焊件粗径与细径均为 07Cr19Ni11Ti 不锈钢。

3. 粗径与细径的尺寸分别为 $\phi80 \times 90$、$\phi50 \times 120$。中间层为镍片,尺寸为 $\phi55 \times 0.5$。

4. 扩散焊后保证粗径与细径同轴。

训练内容	材料	工时
异径不锈钢加中间层扩散焊	07Cr19Ni11Ti	10 min

图 7—2 异径不锈钢加中间层扩散焊焊件图

二、扩散焊操作训练

1. 焊前准备

(1) 焊机。采用 ZTG—40 型扩散焊机,如图 7—3 所示。

(2) 焊件。粗径与细径均为 07Cr19Ni11Ti 不锈钢,其尺寸分别为 $\phi80$ mm $\times 90$ mm 和 $\phi50$ mm $\times 120$ mm。中间层为镍片,尺寸为 $\phi55$ mm $\times 0.5$ mm。

(3) 装配方式。焊前应将不锈钢轴进行必要的酸洗,装配时粗径、细径不锈钢轴保证同轴,如图 7—4 所示。

图 7—3 ZTG—40 型扩散焊机

图 7—4 异径不锈钢同轴装配

2. 扩散焊机使用前的安全操作

（1）焊机使用前，要检查焊机的接地线是否完好。

（2）真空系统和冷却系统是否完备。

3. 启动焊机调试工艺参数

（1）启动总电源开关，打开冷却水源、气源。

（2）旋转控制箱面板上的"电源"旋钮，这时电源、冷却水、气压的指示灯都应亮。如果水压、气压不够，将出现报警，同时指示灯闪烁。

（3）按焊接工艺要求，调整气阀压强、温控仪加热温度、保温时间及真空度，使其满足焊接工艺参数。

初定异径不锈钢扩散焊工艺参数：加热温度为 950 ~ 1 050℃、压强为 10 MPa、保温时间为 60 ~ 90 min、真空度为 13.5×10^{-3} Pa。可通过试焊找到最佳的焊接工艺参数。

4. 焊接操作

（1）按动机械泵按钮，机械泵工作，延时 5 s，分别按"粗抽阀"和"真空阀"按钮。对扩散泵抽低真空，延时 5 min 按"扩散泵"按钮，扩散泵开始预热。按"冷却压缩机"和"充气阀"按钮，对真空室充气，延时关断充气阀。

（2）打开真空室门，调好热电偶的位置，装配焊件，如图 7—5 所示。检查无误后关好真空室门。

（3）达到扩散泵预热时间后，关"真空阀"，延时数秒，对真空室抽低真空，当低真空度达 5 Pa 以下时，延时数秒，对真空室抽高真空。

（4）当真空度达 13.5×10^{-3} Pa 时，按"高频加热"按钮，对焊件进行加热，进入焊接状态。

（5）当焊接程序结束后，按"高频加热"按钮，停止加热过程。

（6）达到焊件保温时间后，对真空室进行充气，延时 10 s 以上，打开真空室门，取出焊件。

此时，如果继续进行下一个焊件的焊接，则重复本段所述工作过程。

a) 中间层放在粗径上　　b) 细径放在中间层上　　c) 细径与粗径同轴装配

d) 焊件放入高频加热器中　　　e) 关好真空室门

图 7—5　装配焊接件

5. 扩散焊停止工作

（1）关真空室门，关扩散泵、真空阀，对真空室抽低真空 3 min，延时 60 min，关冷却压缩机、机械泵。

（2）最后关闭水、气、电源。

第八章　超声波焊安全

利用超声波的高频振荡能对焊件接头进行局部加热和表面清理，然后施加压力实现焊接的一种压焊方法称为超声波焊。

第一节　超声波焊原理及特点

一、超声波焊原理

超声波焊接时，既不向焊件输送电流，也不向焊件引入高温热量，而是通过上、下声极在两焊件上施加静压力，并通以超声波，如图8—1所示。频率很高（超过 16 kHz）的超声波产生的弹性振动能量由上声极传输给焊件（下声极是固定的，用于支撑焊件），焊件在静压力和弹性振动能量的共同作用下，将机械动能转变为焊件间摩擦功，使焊件接触面氧化膜破坏，同时温度升高，产生强烈的塑性变形，最后发生原子间的结合，实现焊件在固态下的连接。

超声波换能系统（见图8—2）是超声波焊机的核心部分，它由磁致伸缩换能器（由镍片或铝铁合金片叠制的芯子，其上绕有线圈）和变幅杆组成。当给磁致伸缩换能器通以高频交流电时，换能器将高频的电振动转换成同频率的高频机械振动，并通过变幅杆将振幅放大，传到声极直至焊件，形成焊接所要求的强力超声波。

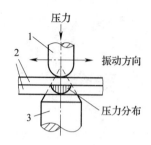

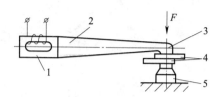

图 8—1　超声波焊接原理
1—上声极　2—焊件　3—下声极

图 8—2　　超声波换能系统
1—磁致伸缩换能器　2—变幅杆
3—上声极　4—焊件　5—下声极

二、超声波焊特点及应用

1. 优点

（1）适用于焊接高导热率及高导电率的材料。金、银、钼、铜、铝等薄件用一般焊接方法难以或无法焊接，但使用超声波焊接则很容易。特别适合于金属箔片、细丝以及微型器件的焊接。最薄可焊0.02 mm 的焊件。

（2）由于超声波焊是一种固相焊接方法，因而不会对焊件造成高温损伤。半导体硅片与金属细丝的精密焊接采用超声波焊接，可大大减少焊接缺陷。

（3）超声波焊接主要靠高频机械振动形成焊点，焊件受热温度远低于其熔点，耗用能量很小，焊件残余应力与变形也小，焊点和热影响区的组织与性能变化极小。

（4）由于超声波焊接中能量传递的特殊性，焊接所需的功率仅由上焊件的厚度及其物理性能来确定，面对下焊件的厚度基本上没有限制。因此，可焊厚薄相差很大的焊件。

（5）可焊多层薄片，且可在片与片之间再插入一片所需的材料，以便改善难焊金属的焊接性。

（6）对焊件接触面的清理要求不高，只需除去油污，一般不需清理氧化膜。可以进行异种金属、金属和非金属、非金属之间的焊接。

2．缺点

（1）由于焊件的伸入尺寸一般不能大于声学系统所允许的范围，所以焊件的尺寸受到了一定的限制。

（2）焊点表面易引起边缘疲劳破坏，硬脆材料的焊接性较差。

（3）超声波只适宜焊薄件，这是因为随着焊件厚度的增加，焊接所需的功率成指数曲线形剧增，而且目前制造大功率的超声波焊机难度很大，且功率越大价格也越高。

第二节　超声波设备结构

超声波焊机可分为超声波点焊机和超声波缝焊机两类。

一、超声波点焊机

1．分类

按照点焊机功率不同可分为小功率（＜500 W）、中等功率（500～1 000 W）、大功率（＞1 000 W）。

2．组成

超声波点焊机主要由超声波发生器、声学系统、加压机构和程序控制装置四部分组成，如图8—3所示。

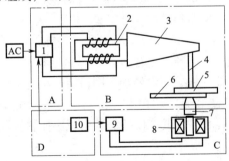

图8—3　超声波点焊机的组成

1—超声波发生器　2—换能器　3—聚能器　4—上声极

5、6—焊件　7—下声极　8—加压机构　9—压力控制器　10—程序控制器

（1）超声波发生器。用它将 50 Hz 的工频电流变成超声波频率（20 000 Hz以上）的振荡电流，并通过输出变压器与换能器相结合。

（2）声学系统。包括换能器、聚能器、耦合杆、声极等部分。

1）换能器。换能器用来将超声波发生器的电磁振荡转换成相同频率的机械振动。常用的换能器有压电式和磁致伸缩式两种。压电换能器的工作原理为逆压电效应，其优点是效率高，一般可达 80% ~ 90%，缺点是比较脆弱，目前主要应用于小功率焊机。而磁致伸缩换能器则是依靠磁致伸缩效应进行的，它是一种半永久性器件，工作稳定、可靠，但效率只有30% ~40%，主要应用于大功率焊机。

2）聚能器。主要起放大换能器输出的振幅，并耦合传输到焊件的作用。各种锥形杆都可以用来作为聚能器，目前常用 45 钢、30CrMnSi、工具钢、钛合金等材料制作。

3）耦合杆。耦合杆是用来改变振动形式的，将聚能器输出的纵向振动改变为弯曲振动。耦合杆是声学系统中的一个重要部分，振动能量的传递及耦合的功能都由耦合杆来实现。它的形状为一圆形金属杆，可以用聚能器所选用的材料来制作，聚能器与耦合杆常用钎焊的方法连接。

4）声极。超声波焊机中直接与焊件接触的声学部件称为声极，声极又分为上声极和下声极。上声极可以用各种方法与聚能器或耦合杆相连接。一般超声波点焊机上声极的端部为一简单的球面，球面的曲率半径为被焊焊件厚度的 80 倍左右。下声极为质量较大的碳钢件。声学系统是超声波焊机的心脏部分，在设计时应按照选定的谐振频率计算好每个声学元件的自振频率。

（3）加压机构。加压机构是用来向焊件施加一定静压力的部件。目前主要采用液压、气压、电磁加压及弹簧杠杆加压等方法。液压适用于大功率超声波焊机，而电磁加压则适用于小功率超声波焊机。

（4）程序控制装置。超声波点焊可分为四个阶段，即预压、焊接、消除粘连、休止，这几个阶段必须由程序控制装置来完成。

二、超声波缝焊机

超声波缝焊机的组成与超声波点焊机相似，仅声极的结构和形状不同而已。焊接时焊件夹持在盘状上、下声极之间，在特殊情况下可采用滑板式下声极。另外，还可以通过改变点焊机的上、下声极进行环焊和线焊。

三、超声波焊机型号及技术数据

部分国产超声波焊机型号及主要技术数据见表8—1。

表8—1　　　部分国产超声波焊机型号及主要技术数据

型　　号	发生器功率（W）	谐振频率（kHz）	静压力（N）	焊接时间（s）	焊速（m/min）	可焊工件厚度（mm）
CHJ—28 型点焊机	0.5	45	15～120	0.1～0.3	—	0.06＋0.006
KDS—80 型点焊机	80	20	20～200	0.05～6.0	0.7～2.3	0.06＋0.06
SD—0.25 型点焊机	250	19～21	15～100	0～1.5	—	0.15＋0.15
SE—0.25 型缝焊机	250	19～21	15～180	—	0.5～3	0.15＋0.15
P1925 型点焊机	250	19.5～22.5	20～195	0.1～1.0	—	0.25＋0.25
P1950 型点焊机	500	19.5～22.5	40～350	0.1～2.0	—	0.35＋0.35
CHD—1 型点焊机	1 000	18～20	600	0.1～3.0	—	0.5＋0.5
CHF1 型缝焊机	1 000	18～20	500	—	1～5	0.4＋0.4
CHF—3 型缝焊机	3 000	18～20	600	—	1～12	0.6＋0.6
SD—5 型点焊机	5 000	17～18	4 000	0.1～0.3	—	1.5＋1.5

第三节　超声波点焊、缝焊、环焊、线焊特点及适用范围

超声波焊按接头焊缝的形式不同分为点焊、缝焊、环焊和线焊。

一、点焊

点焊焊件是在圆柱状的上、下声极中给予一定的压紧力，通以超声波完成焊接的。按能量传递方式不同，点焊分为单侧式和双侧式两类。当超声振动能量只通过上声极导入时为单侧式点焊；分别从上、下声极导入时为双侧式点焊。双侧式导入式点焊的振动方向可以是平

行的，也可以相互垂直，其频率和功率可以不同。目前应用最广泛的是单侧导入式点焊。

二、缝焊

缝焊时焊件夹持在盘状上、下声极之间，连续焊接获得密封的连续焊缝。它与点焊类似，也可以从单侧和双侧导入振动能量。

在特殊情况下可以采用平板式下声极。

三、环焊

环焊时焊件夹持在环形上声极与下声极之间，静压力沿轴向施加到焊件上，一次焊成封闭状的焊缝。采用的是两个反相同步换能器及聚能器的扭转振动系统。传振杆在两个切向输入的相位差为180°的纵向振动驱动下，一推一拉从而产生扭转振动。上声极轴线区振幅为零，而边缘振幅最大。所以，此焊接方法很适用于微电子器件的封装。

四、线焊

线焊是点焊的变形，使用的是线状上声极，现在一次可以焊出150 mm 长的线状焊缝。最适用于需要线状封口的箔片焊件。

第四节　超声波焊安全操作规范

一、接头形式

接头形式为搭接接头。在设计接头时点距、边距不受限制，可以任选。

二、结合面的清理

由于超声波焊接本身包含着对焊件表面污染层的破碎及清理作用，焊件结合面不需要进行严格的清理。利用这一特点可以焊接涂有涂料或塑料薄膜层的金属导线。

三、焊接参数

超声波焊接工艺参数主要包括谐振频率、振幅、静压力以及焊接时间。

1. 谐振频率

谐振频率的确定通常以焊件的厚度及物理性能为依据。焊薄件时宜选用高的谐振频率，这是因为在发生器功率一定时，提高谐振频率可相应降低需用振幅，从而降低交变应力，避免产生疲劳破坏。所以，一般小功率超声波焊机选用 16 ~ 20 kHz 的谐振频率。对于硬度及屈服强度都较低的材料应选用较低的谐振频率。

2. 振幅

振幅是超声波焊接中最关键的焊接参数，其大小将确定摩擦功的大小、材料表面氧化膜的去除、塑性流动状态以及结合面加热温度等。振幅的大小应根据焊件的厚度和性质来确定，一般为 5 ~ 25 μm。接头的强度与振幅密切相关，对于一定的材料存在着一个最合适的振幅范围。当振幅减小时强度将显著降低，当振幅小于一定值时，无论焊接时间多长都不能形成焊点；当振幅超过一定数值后，接头强度也会发生下降现象，但振幅增大可缩短焊接时间。

3. 静压力

静压力用来将超声振动传递到焊件，并促使形成接头的塑性流动层。静压力过低，上声极与焊件之间的表面滑动损耗基本占去了全部的振动能量，而在焊件上不发生振动，因此也就难以进行焊接；静压力过大则会引起焊接强度的降低。但随着静压力的增大可缩短焊接时间。

4. 焊接时间

焊接时间应根据材料的性质、厚度及其他工艺参数而定。当压力和振幅增大及焊件厚度减小时，焊接时间可缩短。目前选用的焊接时间不超过 3 s。为了能形成符合要求的焊点或焊缝，焊接时间有一个最佳范围，当焊接时间过短时无法破坏氧化膜，从而无法进行焊接；但焊接时间太长则降低剪切强度和疲劳强度。

第五节　超声波焊操作

一、导电连接板超声波焊

导电连接板超声波焊焊件图如图8—4所示。

技术要求

1. 焊件为导电连接板，采取超声波焊接。
2. 焊件由纯铜折弯板与黄铜板搭接而成，搭接量为10。纯铜折弯板展开尺寸为70×40×1，端头均布两个φ8的孔。弯折高度为10，搭接处宽度为35；黄铜板尺寸为80×35×1。
3. 超声波焊后保证平整、牢固且无明显压痕。

训练内容	材料	工时
导电连接板超声波焊	Cu、H60	3 min

图8—4　导电连接板超声波焊焊件图

二、超声波焊操作训练

1. 焊前准备

（1）焊机。采用SD—5型超声波焊机，如图8—5所示。

（2）纯铜折弯板焊件展开尺寸为70 mm×40 mm×1 mm，端头均布两个φ8 mm孔。弯折高度为10 mm，搭接处宽度为35 mm；黄铜板尺寸为80 mm×35 mm×1 mm。

（3）装配—焊接。焊前将纯铜、黄铜板搭接处的氧化膜清理干净，焊接时纯铜折弯板与黄铜板搭接装配，搭接量为10 mm。

2. 超声波焊机使用前的安全操作

（1）清理超声波焊机工作部位，保证机台及工作台面洁净。

图 8—5　SD—5 型超声波焊机

（2）检查发振箱后面的地线接地良好。

（3）检查高压气压管各接合处锁紧，无漏气现象。

（4）确认超声波焊机模头工作面光滑、平整。

3. 启动焊机调试工艺参数

（1）将选择开关置于"手动"位置，按底座上的下降/上升按钮，设定下降速度及上升缓冲。调节底模调节螺钉，使焊机的模头（上声极）与焊件的上部吻合，焊件的下部与焊机的底模（下声极）压实。

（2）打开气压源，调整工作压力，调至升降时不产生冲击为止。

（3）打开超声波振幅开关，转动超声调整螺钉，使振幅表指示在最低刻度。

初定导电连接板超声波焊工艺参数：焊接时间为 1.5～2.0 s，净压力为 300～700 N，振幅为 18～22 μm，上声极材料为 45 钢。可通过试焊找到最佳的焊接工艺参数。

4. 超声波焊接操作

（1）将选择开关置于"自动"位置。

（2）将纯铜折弯板与黄铜板按要求搭接妥当，放入焊机底座的底模上，按下焊接下降按钮，焊机即可自动工作一次。

（3）观察焊接工作状态及焊后焊件的形态，再调整模头、底模及工艺参数。

（4）调节至理想焊接条件后，将焊件放入底模上，进行正常焊接操作。

第九章 爆炸焊安全

利用炸药爆炸产生的冲击力造成焊件的迅速碰撞，从而实现焊件连接的一种压焊方法称为爆炸焊。

第一节 爆炸焊原理、特点和适用范围

一、爆炸焊原理

1. 原理

现以基板上焊一层覆板的爆炸焊为例，其工艺条件布置如图 9—1 所示。基板放在平整、坚实的地面或砧板上并良好接触，焊接时基板保持不动，覆板在爆炸过程中产生局部变形，向基板高速运动，撞击基板，从而使覆板焊到基板上。

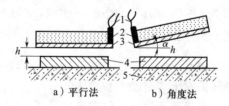

图 9—1 爆炸焊工艺条件布置

1—雷管 2—炸药 3—覆板 4—基板 5—基础（地面） α—安装角 h—间隙

2. 结合区形状

在不同的焊接条件下，两种金属的结合区有不同的形状，当撞击速度低于某一临界值时，形成平坦的结合界面，在这类焊缝中很少或根本不发生熔化。当撞击速度高于临界值时，形成的焊缝具有波浪形

界面，具有这类界面的焊缝，其力学性能一般比具有平坦界面的好，而且焊接规范参数变化范围较宽，是一种最理想的结合区，所以爆炸焊一般采用这一结合区形状。

二、爆炸焊特点及适用范围

1. 爆炸焊的特点

（1）优点

1）爆炸焊工艺简单，应用方便，不需要焊机，也不需要大型厂房，能源丰富。

2）爆炸焊不需填充金属，可降低生产成本。

3）爆炸焊接头具有较高的结合强度和良好的加工性能。

4）爆炸焊基本上属于冷过程，整个过程仅需几微秒，在爆炸所产生的热量尚未传到金属结合面时焊接过程就已完成，所以两块金属都不熔化，不存在热影响区，也不会出现脆性金属化合物。

（2）缺点

1）只适用于板与板、管与管、管与板结构的焊接。

2）爆炸时所产生的噪声大，焊接受气候条件的影响较大。

3）冲击韧度很低、塑性差的金属不能采用爆炸焊。

2. 爆炸焊的适用范围

（1）广泛应用于石油、化工、造船、原子能、航天、运输和机械制造等行业。

（2）可制造双层、多层（多达 100 层）的复合板。

（3）可焊面积为 6.5 cm^2 ~ 28 m^2，可焊覆板的厚度为 0.025 ~ 32 mm。

（4）适用于多种金属材料（同种或异种）的焊接，可焊物理性能和化学性能相差很大的金属材料，如钛—铜、铝—铜、铝—钽等。

第二节　爆炸焊用炸药种类、特点和安全规范

一、爆炸焊用炸药种类及特点

爆炸焊所需的能量由高能炸药爆炸时提供。炸药的爆炸速度很重要，因为由它引起两种待焊金属间的碰撞速度必须控制在所需的速度范围之内。

用于爆炸焊的炸药见表9—1，表中列出的低速和中速爆炸的炸药一般都在爆炸焊所需的爆炸速度范围之内，并广泛用于大面积材料焊接的场合。使用时需要很少的缓冲层或不需要缓冲层。

表9—1　　　　　　　　　　爆炸焊用的炸药

爆炸速度范围	炸药名称
高速炸药	TNT、RDX（三亚甲基三硝胺）、PETN（季戊炸药） 复合料 B 复合料 C4 Deta 薄板 Prima 绳索
低速和中速炸药	硝酸铵颗粒为88%～92%，余量为柴油 过氯酸铵 阿马图炸药（硝酸铵为80%，三硝基甲苯为20%） 硝基胍 黄色炸药（硝化甘油） 稀释 PETN（季戊炸药）

使用高速炸药时，需要专门的设备和工艺措施，可在基层、覆层之间加缓冲材料，如聚异丁烯酸树脂、橡皮等，采用有间隙倾斜角安装或最小间隙平行安装等。为了特殊目的，可以制造或混合专用的炸药。

炸药的爆炸速度由炸药的厚度、填充密度或者混合在炸药中的惰性材料的数量所决定，配制焊接用的炸药一般都是为了降低其爆炸速度。

焊接用的炸药形态有塑料薄片、绳索、冲压块、铸造块、粉片状

或颗粒状等。

二、炸药的选择原则

1. 选用的炸药应爆炸速度合适、稳定、可调、使用方便、价格便宜、货源广、安全无毒。

2. 尽可能选择一般敏感性低的炸药，炸药的最大爆炸速度一般不超过被焊材料内部最高声速的120%，以便产生喷射和防止对材料的冲击损伤。

3. 复合板的爆炸焊通常选用便于堆放和装填的粉状炸药，对于带有曲面的焊件应选易于成形的塑性炸药。

三、爆炸焊安全规范

爆炸焊使用的炸药和爆炸元件是危险品，若运输、储存和使用不当，发生爆炸就会造成人员和财产损失。

炸药品种繁多，性质各异，必须分类储存。一切爆炸用品严禁与氧化剂、酸、碱、盐类、易燃物、可燃物、金属粉末和铁器等同库储存。敏感度高的起爆药和起爆器材不能与敏感度高的炸药和点火器同库储存。安定性能变坏的炸药及爆炸器材严禁与合格品同库储存。胶质炸药保管期一般不超过 8 个月，普通胶质炸药储存温度不得低于15℃。耐冻胶质炸药储存温度不得低于其凝固点。仓库需防雷击，安装防爆式照明灯以防火。仓库场地的选择和炸药存放量应符合安全要求。

雷管、导爆索、炸药等禁止用拖车运输，运输车辆上应有规定的警示标志，特别注意安全使用吊车类设备，运输和储存场地需防潮，严禁明火和吸烟。爆炸品领取、加工须符合安全规定，以防止发生爆炸和中毒事故。安置炸药、接线、插入雷管和起爆只允许爆炸工人操作，其他人员退到安全区内。操作过程中要小心谨慎，药包不得受冲击，不得抛掷，在大雾、雷雨天禁止操作。起爆前，起爆端导线保持短路，起爆电源开关设在安全区并锁闭。爆炸场所不能靠近电磁辐射源，以防止引爆雷管。起爆前应发出信号，待全体人员退到安全区后方可引爆。爆炸后等待 3 min，按信号进入爆炸区。发现"瞎火"时应由专人去处理。

　　爆炸焊过程中的废药，未爆完的残余炸药、废雷管等不得任意抛弃。必须在专门辟出的安全地点用爆炸法、烧毁法或熔剂破坏法等予以销毁。

　　此外，爆炸焊生产中通常使用低爆速的混合炸药，如铵盐和铵油炸药。前者由硝酸铵和一定比例的食盐组成，后者由硝酸铵和一定比例的柴油组成。仅用少量 TNT 作为引爆炸药。硝酸铵是一种常见的化肥，非常稳定，它与食盐或柴油混合后，惰性更大。颗粒状硝酸铵和鳞片状的 TNT 可用球磨机破碎成粉末而不会爆炸，只有在 TNT 等高爆速炸药的引爆下才能稳定爆炸。TNT 炸药还需靠雷管来引爆，而雷管中的高爆速炸药只有在起爆器发生数百伏高电压下才会爆炸。所以，在现场操作中，只要严格控制好雷管和起爆器，通常是不会出现严重安全事故的。

第三节　爆炸焊接工艺规范

　　按接头形式和结合区形状不同，爆炸焊可分为点焊、线焊和面焊三种类型，面焊是爆炸焊的主要类型。

一、接头准备

　　爆炸焊只适用于有重叠面或紧密配合面的接头、管式或圆筒式过渡接头、管与管板的接头等。焊前待焊表面必须清洁，做到平、光、净。

　　常用的清除方法如下：

　　1. 用砂轮打磨。主要用于钢材表面的清理。

　　2. 喷砂或喷丸。用于要求不高的钢材表面的清理。

　　3. 化学清洗。铜及铜合金、钛合金等主要用酸洗进行表面清理；铝及铝合金主要用碱洗清理。

　　4. 用砂布或钢丝刷打磨。用于不锈钢等表面的清理。

　　5. 机械加工法。如车削、铣削、刨削、磨削等，用于要求较高的厚钢板、钢锻件或特殊表面的清理。

　　最好是当天清理当天就进行爆炸焊，若当天不能进行焊接，则应进行油封，焊前再用丙酮等擦拭干净。

二、工艺安装

不同的爆炸焊方法有不同的安装工艺，如图9—2所示。进行平板复合爆炸焊时应注意以下几点：

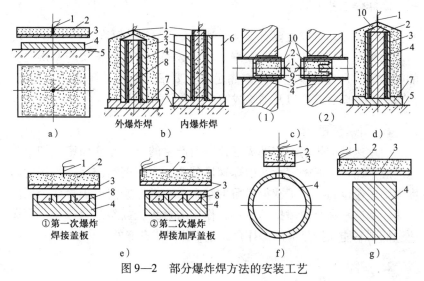

图9—2　部分爆炸焊方法的安装工艺

a）板—板　b）管—管　c）管—管板　d）管—棒　e）板—凹形件　f）板—管　g）板—棒

1—雷管　2—炸药　3—覆层（板或管）　4—基层（板、管、管板、棒或凹形管）

5—地面（基础）　6—模具　7—底座　8—低熔点材料　9—塑料管　10—木塞

1. 爆炸焊大面积复合板时采用平行法。

2. 在安装大面积覆板时，为了保证覆板下垂部位与基板表面保持一定间隙，可在该处放置一个或几个稍小于应有间隙值的金属片。当基板较薄时，需用一个质量大的砧座均匀地支托，以减小挠曲。

3. 在焊接大面积复合板时，最好用中心引爆炸药或者从长边中部引爆，这样可以使间隙中气体的排出路程最短。有利于覆板和基板的撞击，减小结合区金属熔化的面积和数量。

4. 为了引爆低速炸药和减小雷管区的面积，常在雷管下放置一定数量的高爆速炸药。

5. 为了将边部缺陷引出复合板之外及保证边部质量，常使覆板的长、宽尺寸比基板大20～50 mm。管与管板进行爆炸焊时，管材也应有类似的额外伸出量。

6. 为了防止出现烧伤、压痕、起皮、撕裂等缺陷，常用橡皮、油灰、软塑料、有机玻璃、马粪纸、油毡等作为炸药与覆板之间的缓冲层。

三、爆炸焊工艺参数

爆炸焊工艺参数主要有覆层与基层金属材料的厚度、长度和宽度，炸药的种类、状态和数量及其爆炸性能数据，安装后覆层与基层之间的间隙等。合理的规范参数应满足三点要求，即在碰撞时产生射流、在结合区呈现波浪形以及消除或减少结合区的熔化。

1. 引爆速度

引爆速度与炸药的密度成正比，而产生的压力与炸药密度和引爆速度成正比。一般密度大，引爆速度就高，当密度给定后，炸药的厚度大则爆速也高。为了获得优质的结合，要求爆速接近于覆层金属的声速。爆速较高会使碰撞角变小，作用力过大，撕裂结合部位；而爆速过低则不能保持足够的爆炸角，也不能形成良好的结合。

2. 间隙

安装后覆层与基层之间的间隙对界面的波浪形状有一定影响，间隙增大则碰撞角增大，从而波浪的尺寸在某一值之前增大。如进一步增大间隙，则波浪尺寸反而减小，当间隙为 0 时，碰撞角也为 0°。

3. 安装角

当采用角度法安装时，通常采用高爆速炸药，炸药爆速比焊件金属的声速高得多，采用预制角可满足碰撞点速度低于被焊金属声速的 120% 的要求，焊接过程一般是在安装角为 5°~15° 的范围内进行的。

第四节 爆炸的安全隐患和安全防护

一、爆炸焊存在的安全隐患

爆炸焊最突出的特点是：可将性能差异极大、用通常方法很难熔焊在一起的金属焊接在一起；爆炸焊结合面的强度很高，往往比母体金属中强度较低的母体材料的强度还高。但爆炸焊与其他爆破工程一样，因为是以炸药为能源的，所以也存在爆炸地震波、爆破毒气、爆破噪声等安全隐患。

二、爆炸焊的安全防护

1. 爆炸地震波

（1）爆炸焊起爆产生地震波。爆炸地震波是爆炸焊的主要危害之一。爆炸焊起爆时，使用的起爆药量较大，爆炸焊地域会产生强烈的地震波，对周围环境的危害显而易见。

（2）地震波的安全防护。为了减小爆炸焊中爆破震动对周围环境的危害，通常情况下主要采取以下两种措施：

1）在爆炸焊作业点挖 1～2 m 深的基坑，在基坑中填以松土和细沙，将基板置于松土和细沙之上。进行爆炸焊时，基板和覆板向下运动的能量将有较大一部分被松土和细沙所吸收，使之不能向外传播；同时，松土和细沙对表面波的传播也不利，可以降低表面波的传播能量。

2）在距爆炸焊施工点 20 m 的范围处挖设宽 1 m、深 2.5 m 左右的防震沟。为防止爆炸焊时将沟震塌，可在沟中填以稻草、废旧泡沫塑料等低密度、高空隙率的物质。防震沟可截断一部分地震波，特别是表面波的传播通道，明显地降低爆炸地震波对周围环境的影响。

2. 爆破毒气

（1）爆炸产生毒气。因为爆炸焊是裸露爆破，爆炸产生的毒气不受阻碍地向四周传播，所以，在进行连续爆炸焊作业时必须考虑毒气对周围环境的影响。

1）炸药为非零氧平衡炸药。当炸药为负氧平衡时，由于氧气量不足，CO_2 易被还原成 CO；当炸药为正氧平衡时，多余的氧原子在高温、高压下易同氮原子结合生成氮氧化物。

2）爆炸反应的不完全性。由于炸药组成成分的配比是按反应完全的情况确定的，而当炸药受潮或混合不均匀时，实际炸药爆轰往往有部分反应不完全，爆轰产物偏离预期的结果，这样必将产生较多的有毒气体。

3）炸药与其他组分的作用。进行爆炸焊时，一般用硬纸板、塑料板或木板做成药框；另外，为了保护覆板表面，常常用油毡、橡胶、黄油等作为缓冲层，盖涂在复板表面，以使其不直接与炸药接触。当炸药爆炸时，这些可燃物质就会与爆轰产物作用而产生有毒气体。

4）毒气的种类。爆炸焊产生毒气的种类与炸药的种类、炸药的受潮程度、药框及缓冲层的材料等有关。当使用硝铵类炸药时，一般会生成 NO、NO_2、N_2O_3、H_2S、CO 和少量的 HCl 等有毒气体。

（2）爆炸焊毒气的安全防护。在不采取任何措施的情况下，爆炸焊产生的灰尘和气体呈蘑菇状，可以冲起二三十米高，随风飘出一两千米之外。对爆炸焊产生毒气的防护方法如下：

1）采用混合均匀的零氧平衡炸药，使爆炸产生的有毒气体量降到最少。

2）避免使用受潮的炸药，同时采用高能炸药（如 TNT、RDX 等）作为起爆药柱，加强起爆能，确保炸药反应完全。

3）在爆炸焊作业点安装自动喷雾洒水装置。在爆炸焊完成的瞬间立即进行喷雾洒水，能大大抑制爆炸毒气及灰尘的产生和扩散。

3. 爆破噪声

（1）爆炸焊产生噪声。在爆炸焊时，炸药裸露在空气中爆炸，无覆盖，故产生的噪声远比同当量地下药包大。

（2）爆炸焊噪声安全防护。爆炸焊是裸露爆破，且用药量大而集中，故其防护比较困难，通常采用的防护措施如下：

1）安排合理的作业时间，避免在早晨或深夜进行爆炸焊作业，以减少扰民和因大气效应所引起的噪声。

2）对因工作需要，不可能撤离爆炸点很远的现场工作人员，可戴耳塞或耳罩进行防护。

3）必要时可挖设一深坑，将爆炸焊装置置于坑中，装药完成后，用废旧胶等将坑封口，胶带上覆盖以湿土或湿沙（注意土或沙中不能夹杂小石子）。爆炸焊作业地点通常都选在远离居民区的偏远地带。唯一应注意的是：起爆时，所有施工人员都应撤离到以冲击波安全距离所确定的警戒线之外，以免发生冲击波伤人事故。

另外，由于爆炸焊时，炸药是裸露在空气中的，且与药框下表面接触的为金属覆板，因此爆炸焊中一般不会产生飞石，但应注意，切忌用碎石或铁丝等堆积、缠绕在药框周围，否则这些固体硬物可能飞出。

爆炸焊作为一种特种焊接技术，其装药形式和一般土石方爆破有很大的区别，其爆破时对周围环境产生的危害也有自己的特点。与土石方爆破相比，爆炸焊的毒气、噪声、地震波危害较大，而飞石危害较小。因此，在选择爆炸焊作业点或进行爆炸焊的安全性校核时，首先要用一次爆炸焊的最大用药量对地震波、毒气、噪声进行计算，并与《爆破安全规程》中国家标准的允许值相比较。必要时采取防护措施。

第五节　爆炸焊操作

一、复合板爆炸焊

复合板爆炸焊焊件图如图 9—3 所示。

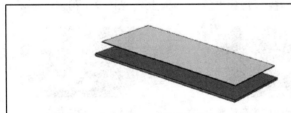

技术要求

1. 采取爆炸焊获得铝板与钢板的复合件。

2. 铝板的材质为 5A02，尺寸为 500×800×3。钢板的材质为 Q235A，尺寸为 540×840×12。

3. 铝板作为覆板，钢板作为基板，爆炸焊后保证平整、牢固且无缺陷。

训练内容	材料	工时
复合板爆炸焊	5A02、Q235A	25 min

图 9—3　复合板爆炸焊焊件图

二、爆炸焊操作训练

1. 焊前准备

（1）炸药及药框。炸药选用硝酸铵（数量为 5 kg，约堆积在铝板上 40 mm 厚）和少量黄色炸药（硝化甘油），并准备用雷管和三合板钉制的药框。

（2）焊件。爆炸焊后为复合件：铝板为覆板，钢板为基板。

铝板的材质为 5A02，尺寸为 500 mm×800 mm×3 mm。

钢板的材质为 Q235A，尺寸为 540 mm×840 mm×12 mm。

（3）装配—焊接。焊前将铝板和钢板待结合面进行清洁、净化。

2. 爆炸焊焊前工艺安装

（1）接好地线，搬走所用的工具和物品，撤离工作人员并在危险区安插警戒旗等。设置半径为 25 m、50 m 或 100 m 以上的危险区。

（2）操作人员将钢板放置在事先平整好的沙地上（见图 9—4），并再次清洁钢板和铝板的待结合面（见图 9—5）。然后将铝板置于钢板上（见图 9—6）并留有一定的间隙（约 2 mm），以便爆炸焊时产生一定的冲击压力，接着将药框置于铝板上（见图 9—7）。

图 9—4　将钢板放置在沙地上

图 9—5　清洁待结合面

图 9—6　将铝板置于钢板上

图 9—7　将药框置于铝板上

（3）在药框内放置一定数量的炸药，测量一下约 38 mm 的厚度（见图 9—8），为便于引爆，需在炸药平面的中间位置（放置雷管处）

撒少量的黄色炸药（见图 9—9），然后插入雷管（见图 9—10），连接雷管导线（见图 9—11），为保证安全，在连接雷管导线时千万不能与引爆器相接通。

图 9—8　测量药框内炸药厚度

图 9—9　在雷管处撒黄色炸药

图 9—10　插入雷管

图 9—11　连接雷管导线

3. 引爆炸药

引爆炸药前应清理现场，将工作人员撤离至危险区外，在确保安全的情况下启动引爆器，引爆炸药完成爆炸焊（见图 9—12）。

图 9—12　启动引爆器引爆炸药

第十章 冷压焊安全

第一节 冷压焊原理和适用范围

一、冷压焊原理

冷压焊是在没有外部热源或电流作用条件下，仅仅利用在室温下对焊件施加压力的方法使金属产生塑性变形，实现固态焊接的一种方法。因焊接过程以产生塑性变形为特征，故又称变形焊。

利用压力使被焊金属产生塑性变形是为了满足两方面需要：一是通过相当大的塑性变形量来破坏结合界面的氧化膜，并使氧化膜及其他杂质排挤出界面；二是通过塑性变形克服界面的不平度，使已经清洁的被焊金属表面达到原子间距 $(4 \sim 6) \times 10^{-8}$ cm，形成晶间结合。

冷压焊按接头形式分为对接和搭接两类，对接冷压焊过程如图 10—1 所示，搭接冷压点焊过程如图 10—2 所示。

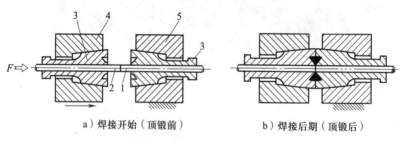

a）焊接开始（顶锻前）　　　　b）焊接后期（顶锻后）

图 10—1　对接冷压焊过程

1、2—焊件　3—钳口　4—活动夹具　5—固定夹具

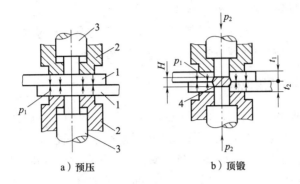

a）预压　　　　　　　　　　　b）顶锻

图 10—2　搭接冷压点焊过程

1—焊件　2—预压模具　3—压头　4—焊缝　t_1、t_2—焊件厚度　H—焊缝厚度

1. 冷压焊工艺过程的特点

（1）不需加热，焊接过程也不产生热量。

（2）在外加压力下，焊接区产生明显的塑性变形。因此，被焊金属材料中至少有一种金属具有很高的延展性，并且不会有严重的加工硬化现象。

（3）结合界面没有明显的扩散，是一种晶间结合，被连接的金属特性不影响冷焊过程进行的方式。

2. 冷压焊的优缺点

（1）异种金属中无论它们互溶或不互溶，都可以进行冷压焊。

（2）接头上不存在焊接热影响区，不会产生软化区和脆性金属中间相。因此，接头的导电性、耐腐蚀性等性能优良。

（3）由于焊接过程产生变形硬化而使接头强化，于是同种金属焊接的接头强度不低于母材的强度，而异种金属接头的强度不低于较低的金属的强度。

（4）由于焊接不需加热，也不需填充材料和焊剂。因此，焊接工艺及设备都很简单，易于掌握、操作和维护。劳动和卫生条件好。

（5）焊接质量稳定，不受电网电压波动的影响。

（6）冷压焊局部变形量大，搭接接头有压坑。

（7）对某些异种金属，如 Cu 和 Al 焊后形成的焊缝在高温下会因扩散作用而产生脆性化合物，使其塑性和导电性明显下降，这类金属组合的冷焊接头只宜在较低温度下工作。

（8）由于受焊机吨位限制，冷压焊焊件的搭接板厚和对接的断面不能过大。焊件的硬度也受模具材质的限制而不能过高。

二、冷压焊的适用范围

1. 特别适用于异种金属和热焊法无法实现的一些金属材料的焊接。在模具强度允许的前提下，很多不会产生快速加工硬化或未经严重硬化的塑性金属，如 Cu、Al、Ag、Au、Ni、Zn、Cd、Ti、Sn、Pb 及其合金都适合进行冷压焊。它们之间的任意组合，包括液相、固相不相溶的非共格金属的组合，也可进行冷压焊。

当焊接塑性较差的金属时，可在焊件间放置厚度大于 1 mm 的塑性好的金属垫片作为过渡材料进行冷压焊，其接头强度等于变形硬化后的垫片强度。

2. 对接冷压焊可焊接的最小断面为 0.5 m^2（用手动焊钳），最大断面可达 1 500 mm^2（用液压机）。其断面为简单的线材、棒料、板材、管材和异型材。通常用于材料的接长或制造双金属过渡接头。

3. 搭接冷压焊可焊接厚度为 0.01 ~ 20 mm 的箔材、带材、板材。搭接点焊常用于电气工程中导线或母线的连接；搭接缝焊可用于气密性接头，如容器类产品。套压焊多用于电气元件的封装焊等。

4. 适用于焊接不允许升温的产品。有些金属材料必须避免焊接时引起母材软化和退火，如 HL1 型高强度变形时效铝合金导体，当温升超过 150℃时，其强度成倍下降，这种金属材料宜用冷压焊；某些铝外导体通信电缆或铝皮电力电缆，在焊接铝管之前已经装入绝缘材料，其焊接温度不允许高于 120℃，也宜采用冷压焊。

第二节　冷压焊机原理和特点

一、冷压焊机原理和特点

冷压焊机主要由加压装置和焊接模具组成，模具对接头的形成是至关重要的。而在冷压焊加压设备中，除了专用冷滚压焊设备的压力由压轮主轴承担而不需另外提供压力源外，其余冷压焊设备都可以利用常规的压力机改装。因此，冷压焊设备的类型可以有多种（没有统一标准）。

常见的对接冷压焊机有 LHJ 系列和 QL 系列，LHJ 系列焊机的缺点是焊接的每个动作都要去按一下按钮或扳动一下手把，生产效率较低。

QL 系列对接冷压焊机可进行自动操作（除人工装卸焊件以外，整个焊接过程，包括重复顶锻和进给焊件都自动完成），降低了劳动强度，提高了生产效率。

表 10—1 列出了焊机型号和规格。

表 10—1 　　　　　　　　　**焊机型号和规格**

型号		LHJ—10A	LHJ—15A	LHJ—80A	QL—25
电源电压（V）		380	380	380	380
挤压顶锻力范围（kN）		20～100	20～200	800	50～250
夹紧力范围（kN）		16～80	16～160	—	40～200
剪刀最大切力（kN）		7.5	30		40
最大顶锻速度（m/min）		3	5		—
可焊断面积（mm²）	铝—铝	7～100	3～200	—	25～200
	铜—铜	7～36	3～80	—	25～100
	铝—铜	7～50	3～100	—	25～125
	铝合金	7～50	3～100	—	—
生产率（件/h）		—	—	—	120

二、QL—25 型冷压焊机的结构特点

QL—25 型焊机由机架、对焊机头、送料机构和剪刀等部分组成，如图 10—3 所示。

1. 机架

机架由结构钢焊接而成，上部装有对焊机头和送料机构，上前侧装有操纵屏及剪刀，机架内有油箱、电动机、油泵及阀等传动部分。

图 10—3　QL—25 型冷压焊机
1—剪刀　2—送料机构　3—对焊机头　4—机架

2. 对焊机头

对焊机头分为动夹具和定夹具两部分。定夹具在机头右面，固定在夹具座上；动夹具在机头左面，由两个并联的液压缸驱使其左右移动。动夹具和定夹具上各装有一副钳口，钳口夹持面经喷丸处理，以增大夹紧摩擦力，保证顶锻时焊件不打滑；钳口端面有刃口，用于切除焊接飞边。

3. 送料机构

送料机构由送料夹头和动夹具带动的杠杆组成。在动夹具和定夹具外侧各有一个送料夹头，它的夹紧和松开恰好与动夹具和定夹具的动作相反。当钳口（模具）夹紧焊件进行顶锻时，送料夹头正好松开，不影响焊件进给。而当顶锻结束、钳口松开时，送料夹头却夹紧焊件，在动夹具退回时带动送料夹头左移适当距离，使焊件实现送进，以备下一次顶锻。通过调节牵动送料夹头的杠杆位置，可改变焊件送进量的大小。

4. 传动系统

动夹具的顶锻和返回、钳口及送料夹头的夹紧和放松焊件等运动都采用液压传动。

第三节　常见冷压焊用模具特点

冷压焊是通过模具对焊件加压，使待焊部分产生塑性变形完成的。

模具的结构和尺寸决定了接头的尺寸及质量。不同焊接类型其模具各异，对接冷压焊模具为钳口；搭接冷压点焊的模具为压头；缝焊的模具为压轮等。

一、对接冷压焊的钳口

钳口分为固定和活动两组，各由两个相互对称的半模组成，各夹持一个焊件。钳口的作用除夹紧焊件外，主要是传递压力、控制塑性变形大小和切掉飞边。钳口端头的结构有槽形钳口、尖形钳口、平形钳口和复合钳口等形式，其中尖形钳口有利于金属的流动，能挤掉飞边，所需焊接压力小等，但它易崩刃口。为此在刃口外设置护刃环和溢流槽（容纳飞边），图10—4所示为应用最广泛的尖形复合钳口。

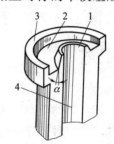

图10—4　尖形复合钳口
1—刃口　2—飞边溢流槽　3—护刃环
4—模腔　α—刃口倒角（不大于30°）

为了防止顶锻过程中焊件在钳口内打滑，除有足够的夹紧力外，还需增大钳口内腔的摩擦因数，通常是在内腔表面加工深度不大的螺纹沟槽。内腔的形状和尺寸与焊件相适应，焊件规格变化，则需更换钳口。

刃口是关键部位，其厚度一般为 2 mm 左右，楔角为50°～60°，该处须进行磨削加工，以减小顶锻时变形金属流动的阻力，使其不至于卡住飞边，钳口工作部位的硬度控制在 45～55 HRC。

二、搭接冷压焊模具

1. 搭接点焊压头

冷压点焊分为单点点焊和多点点焊，单点点焊又分为双面点焊和单面点焊。点焊用的压头形状有圆形（实心或空心）、矩形、菱形或环形等。

冷压点焊的压缩率由压头压入深度来控制，通常是设计带轴肩的压头。从压头端头至轴肩的长度为压入深度，以此控制准确的压缩率，同时起到防止焊件翘起的作用。在轴肩外圆加设套环预压装置，又称预压模具套环，通过弹簧对焊件施加预压力，该预压力控制为 20 ~ 40 MPa。

为了防止压头切割被焊金属，其工作面周边应加工成 $R0.5$ mm 的圆角。

2. 搭接缝焊模具

冷压缝焊有冷滚压焊、冷套压焊和冷挤压焊等形式，各使用着不同的模具。

（1）冷滚压焊压轮。冷滚压焊时，被焊的搭接件在一对滚动的压轮间通过，并同时被加压焊接，即形成一条密闭性焊缝，图 10—5 所示为其焊接示意图。从图中看出，单面滚压焊两压轮中的一个带工作凸台，另一个不带工作凸台；而双面滚压焊则两个压轮均带凸台。

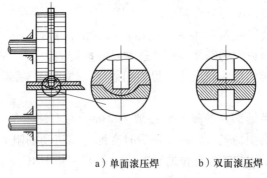

a）单面滚压焊　　　　b）双面滚压焊

图 10—5　搭接冷压缝焊示意图

选用压轮直径时，首先应满足焊件自然入机条件，然后尽可能选用小的压轮直径。

压轮工作凸台高与宽的作用与冷压点焊压头的作用相似，工作凸台两侧设轮肩，起控制压缩率和防止焊件边缘翘起的作用。

（2）冷套压焊模具。以铝罐封盖冷压焊为例，如图 10—6 所示。根据焊件的形状和尺寸设计相应尺寸的上模和下模，下模由模座承托。上模与压力机的上夹头连接，为活动模。

上、下模的工作台设计与冷滚压焊压轮的工作凸台相当。同样也应设计台肩。由于焊接面积大，所需焊接压力比滚压焊大很多，故此种方法只适用于小件封焊。

（3）冷挤压焊模具。以铝质电容器封头的焊接为例，如图 10—7 所示。按内、外帽形焊件的形状及尺寸设计相应的阴模（固定模）和阳模（动模）。阴模与阳模的工作周边需制成圆角，以免产生剪切作用。

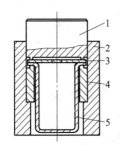

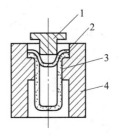

图 10—6　冷套压焊模具　　　　图 10—7　冷挤压焊（铝质电容器封焊）

1—上模　2—模座　3—焊件封头　　　　1—阳模　2—焊件（盖）

4—下模　5—焊件帽套　　　　　　　3—焊件（壳体）　4—阴模

3. 模具材料

冷压焊用的各种模具工作部位应有足够的硬度，一般控制在 45 ~ 55HRC。硬度过高，韧性差，易崩刃；硬度过低，刃口易变形，影响焊接精度。

第四节 冷压焊机的操作规范

室温下不加热、不加焊剂的冷压焊的质量主要取决于：待焊件的表面状态（特别是清洁程度）；焊接部位的塑性变形；焊接压力。

一、待焊件表面状态

冷压焊工艺要求焊件待焊界面有良好的表面状态，包括表面清洁度和表面粗糙度，其中表面清洁度更为重要。

1. 待焊表面的清洁度

油膜、水膜及其他有机杂质是冷压焊的"天敌"。在挤压过程中，它们会延展成微小的薄膜，无论焊件产生多大的塑性变形都无法将其彻底挤出界面，甚至在极其湿的环境中，冷压焊发生焊不上的现象。因此必须在焊前将其清除。有机物的清除通常采用化学溶剂清洗或超声波净化等方法。

2. 待焊表面的表面粗糙度

冷压焊对待焊表面的表面粗糙度没有很严格的要求，经过轧制、剪切、车削的表面都可以进行冷压焊。带有微小沟槽的不平的待焊表面在挤压过程中有利于整个界面切向位移，对焊接过程是有利的。但是，当焊接塑性变形量小于20%和精密真空压焊时，就要求待焊表面有较低的表面粗糙度值。

二、塑性变形程度

实现冷压焊所需的最小塑性变形量称为"变形程度"，它是判断材料焊接性和控制焊接质量的关键参数。其作用是：以较大的变形量来破坏氧化膜；使氧化膜和杂质排挤出接合界面；克服界面上的平面度误差，使两个界面上的原子能紧密接触，形成晶间结合。

最小塑性变形量对于不同金属是不一样的。例如，纯铝的变形程度最小，说明其冷压焊接性最好，钛次之。实际焊接的变形量要大于该金属的标称"变形程度"值，但不宜过大。过大的变形量会增加冷作硬化现象，使韧性下降。

三、焊接所需压力

压力是冷压焊过程中唯一的外加能量的来源，通过模具传递到待焊部位，使被焊金属产生塑性变形。焊接所需总压力既与被焊材料的强度以及焊件横截面积有关，也与模具的结构和尺寸有关。理论计算焊接所需压力的公式为：

$$F = pS$$

式中　F——焊接所需压力，N；

　　　p——单位压力，MPa；

　　　S——焊件的横截面积，mm^2，对于对接冷压焊，S 是指焊件的断面积；对于搭接冷压焊，S 是指压头的端面积。

冷压焊过程中，由于塑性变形产生硬化和模具对金属的拘束力，都会使单位压力增大，甚至远大于理论计算的压力值。对接冷压焊在挤压过程中，焊件随变形的进行而被镦粗，使焊件的名义断面积不断增大。综合结果，初始顶锻力较小，末期顶锻力增大，焊接末期所需的压力比焊接初始时的压力要大得多。因此，实际施焊时的压力需通过试验获得。只要能使焊件的塑性变形顺利进行，最后能切掉飞边即可。但不能过大，过大则会撞碎模具的刃口。几种金属单位面积冷压焊所需压力见表10—2。

表10—2　　　　几种金属单位面积冷压焊所需压力　　　　MPa

材料名称	搭接焊	对接焊
铝与铝	750 ~ 1 000	1 800 ~ 2 000
铝与铜	1 500 ~ 2 000	>2 000
铜与铜	2 000 ~ 2 500	2 500
铜与镍	2 000 ~ 2 500	2 500
HLJ 型铝合金	1 500 ~ 2 000	>2 000

第五节　冷压焊操作

一、线缆冷压焊

线缆冷压焊焊件图如图 10—8 所示。

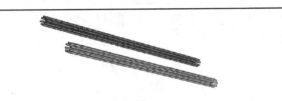

技术要求

1. 铝导线和纯铜导线冷压焊。
2. 铝导线的材质为 1060，尺寸为 $\phi 1.5 \times 300$。纯铜导线的材质为 T2，尺寸为 $\phi 1.5 \times 300$。
3. 分别进行铝导线与铝导线、纯铜导线与纯铜导线冷压焊接。
4. 冷压焊后接点同心、牢固，接头无缺陷。

训练内容	材料	工时
线缆冷压焊	1060、T2	0.5 min

图 10—8　线缆冷压焊焊件图

二、冷压焊操作训练

1. 焊前准备

（1）焊机。线缆冷压焊机如图 10—9 所示。

图 10—9　线缆冷压焊机

（2）焊件。铝导线的材质为1060，尺寸为$\phi 1.5$ mm×300 mm。纯铜导线的材质为T2，尺寸为$\phi 1.5$ mm×300 mm。

（3）焊前将铝导线和纯铜导线待结合面及周围进行机械清理，去除污物及氧化膜。

2. 调试冷压焊机

（1）压焊前，先松动冷压焊机模具压盖螺钉，将压盖向两侧移动，露出模具槽，将模具放置到模具槽内（见图10—10），扳动压杆，使模具稳定地固定在模具槽内，然后把模具压盖向内侧推动压紧模具，再拧紧压盖螺钉，如图10—11所示。

图10—10　将模具放置到模具槽内　　　图10—11　拧紧压盖螺钉

（2）将需要焊接的两根铝导线分别插入模具的两侧孔内，如图10—12所示。

（3）冷压焊时，将压杆向下扳动进行压焊（见图10—13），每压焊一次，由两瓣活动模具带动铝导线向内侧做一次挤压，连续用力压焊2~3次，压焊动作结束。

图10—12　将铝导线插入模具孔内　　　图10—13　用力压焊2~3次

（4）然后手握压杆柄向外旋拧90°（见图10—14），再将压杆向上抬起，取出焊接好的铝导线（见图10—15），完成铝导线的焊接。

图 10—14 手握压杆柄向外旋拧 90° 　　图 10—15 取出焊接好的铝导线

（5）重复上述操作步骤也可进行纯铜导线冷压焊的焊接作业。

第十一章 气压焊安全

气压焊是指用气体火焰将待焊金属焊件端面整体加热至塑性或熔化状态,通过施加一定的顶锻力,使焊件焊接在一起。

第一节 气压焊原理、适用范围及安全特点

一、气压焊原理及适用范围

1. 原理

气压焊可分为固态气压焊(即闭式气压焊)和熔态气压焊(即开式气压焊)。

(1)固态气压焊。将被焊焊件端面对接在一起,为保持紧密接触,一方面需将表面处理平整、干净,另一方面需施加一定的初始压力,然后使用多点燃烧的加热器对端部及附近金属加热,到达塑性状态后(低碳钢为 1 200~1 250℃)立即加压(顶锻),在高温和顶锻力促进下,被焊界面的金属相互扩散,晶粒融合和生长,从而完成焊接,如图 11—1 所示。

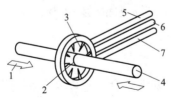

图 11—1 固态气压焊原理

1—顶锻力 2—焊接端面 3—多孔火焰 4—被焊焊件

5—冷却水进口 6—燃气进口 7—冷却水出口

固态气压焊的加热特点是金属没有达到熔点，焊接不同于熔焊。一般而言，是将对接端部及附近金属加热到塑性状态，顶锻后焊接接头表面形成光滑的焊缝（凸起），在焊接线处（焊缝）没有铸态金相组织。

（2）熔态气压焊。通常熔态气压焊的焊接过程是将焊件平行放置，两个端面间留有适当的空间，如图11—2所示，以便加热器在焊接过程中可以撤出。在焊接时，火焰直接加热焊件端面，使端面金属完全熔化，这时迅速撤出加热器，然后立即顶锻，完成焊接。加压强度保持在 28～34 MPa。

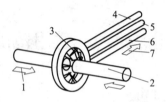

图11—2　熔态气压焊原理

1—顶锻力　2—被焊焊件　3—多孔火焰　4—冷却水出口

5—燃气进口　6—冷却水进口　7—顶锻前加热器撤出

熔态气压焊机必须具有更精确的对中性能，并且结构坚固，以保证快速顶锻。理想的加热器大多数形状比较窄，并且是多火孔燃烧，火焰在焊件横截面上均匀分布。加热器对中良好，对减少被焊端面的氧化、获得均匀的加热以及均匀的顶锻力是十分重要的。

熔态气压焊由于焊接时焊件端部要加热至熔化，因此，用机械方法切成的端面的焊接效果较为理想。焊件端面上有较薄的氧化层对焊接质量的影响不大，但如有大量的外来物，如锈和油等，应在焊前清除。

2. 适用范围

气压焊可焊接碳素钢、合金钢以及多种有色金属（如镍—铜合金、镍—铬合金和镍—硅合金），也可焊接异种金属。气压焊主要用于钢筋混凝土建筑结构中钢筋的焊接。气压焊不能焊接铝和镁合金。

二、气压焊安全特点

气压焊的加热器所用的乙炔、液化石油气和氧气都是易燃、易爆气体，氧气瓶、乙炔瓶、液化石油气瓶属于压力容器。在操作中使用明火，如果焊接设备不完善，或者违反安全操作规程，有可能造成爆炸和火灾事故。

在气压焊操作过程中有氧气射流的喷射，使火星、熔珠和铁渣四处飞溅，容易造成灼烫事故。熔珠和铁渣的飞溅有引燃可燃、易爆物品而发生火灾和爆炸的可能性。

第二节　气压焊设备及操作规范

一、气压焊设备的结构

1. 钢轨气压焊设备

钢轨气压焊设备包括加热器、顶锻设备以及气压、气流量及液压显示和测量装置。

（1）加热器。其作用是为待焊焊件端部提供均匀并可控制的热量。燃气使用氧—乙炔气或氧—液化石油气，大型加热器一般带有冷却水及循环系统。

（2）顶锻设备。顶锻设备用于夹紧和施加顶锻力，一般采用液压或气动作为动力源。

（3）气压、气流量及液压显示和测量装置。用于在焊接过程中进行调整和控制。

气压焊设备的复杂程度取决于被焊焊件的形状、尺寸以及焊接的机械化程度，大多数情况下采用专用加热器和顶锻设备。供气必须采用大流量设备，并且气体流量、压力的调节和显示装置可在焊接所需要的范围内进行稳定调节和显示。气体流量计和压力表应尽量接近加热器，以便操作者迅速检查焊接时燃气的气压和流量。

为了冷却加热器，有时也为了冷却夹持焊件的钳口和加压部件，还需大容量冷却水及循环系统。为了对中和固定，夹具应具有足够的夹紧力和刚度。

目前使用的钢轨气压焊机多为夹轨腰式，其夹紧位置位于钢轨纵向轨腰上，由于轨顶和轨底受力均匀，在加压和顶锻时不产生附加弯矩，图 11—3 所示为夹轨腰式钢轨气压焊机。

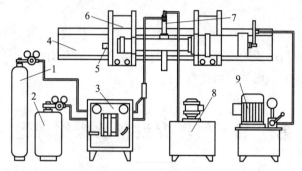

图 11—3　夹轨腰式钢轨气压焊机

1—氧气　2—乙炔　3—流量控制柜　4—钢轨　5—斜铁

6—压接机　7—加热器　8—水冷装置　9—高压液压泵

2. 钢筋气压焊设备

钢筋气压焊设备轻便，可进行钢筋的全位置焊接。钢筋气压焊可用于同直径钢筋或不同直径钢筋之间的焊接，它适用于 $\phi 14 \sim 40$ mm 热轧钢筋的焊接。

钢筋气压焊设备如图 11—4 所示，它由多嘴环管加热器、加压器、焊接夹具及供气装置组成。燃气使用氧—乙炔气或氧—液化石油气。

（1）多嘴环管加热器。多嘴环管加热器（以下简称加热器）是混合乙炔气和氧气，经喷射后组成多火焰的钢筋气压焊专用加热器具，由混合室和加热圈两部分组成。加热器按气体混合方式不同，可以分为射吸式加热器和等压式加热器两种。目前采用的多数为射吸式加热器。从发展来看，宜逐渐改用等压式加热器。加热器的喷嘴有 6 个、8 个、12 个和 14 个不等，可根据钢筋直径大小选用。从喷嘴与环管的连接方式来分，有平接头式和弯接头式。

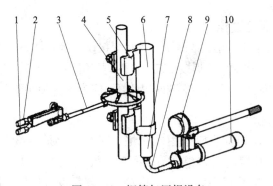

图 11—4　钢筋气压焊设备

1—乙炔气或液化石油气　2—氧气　3—加热器　4—钢筋　5—夹头
6—焊接夹具　7—顶压液压缸　8—橡胶软管　9—液压表　10—液压泵

（2）加压器。加压器为钢筋气压焊中对钢筋施加顶锻压力的压力源装置，由液压泵、液压表、橡胶软管和顶压液压缸四部分组成。液压泵有手动式、脚踏式和电动式三种。

（3）焊接夹具。焊接夹具是由动夹头和定夹头将上、下（左、右）两钢筋夹牢，并对钢筋施加顶压力的装置。使用时，不应损伤带肋钢筋肋下钢筋的表面。

二、气压焊操作规范

钢筋固态气压焊生产中操作规范：钢筋端面干净，安装时，钢筋夹紧、对准；火焰调整适当，加热温度必须足够，使钢筋表面呈微熔状态，然后加压镦粗成形。

1. 焊前准备

气压焊施焊前，钢筋端面应切平，并保持与钢筋轴线相垂直；在钢筋端部两倍直径长度范围内若有水泥等附着物，应予以清除。钢筋边角毛刺及墙面上铁锈、油污和氧化膜应清除干净，使其露出金属光泽。

安装焊接夹具和钢筋时应将两钢筋分别夹紧，并使两钢筋的轴线在同一直线上。钢筋安装后应加压顶紧，两钢筋之间的局部缝隙不得大于 3 mm。

2. 焊接工艺过程

进行气压焊时，应根据钢筋直径和焊接设备等具体条件选用等压法、二次加压法或三次加压法焊接工艺。在两钢筋缝隙密合和镦粗过程中，对钢筋施加的轴向压力按钢筋横截面积计算，应为 30 ~ 40 MPa。

3. 集中加热

气压焊的开始阶段应采用碳化焰，对准两钢筋接缝处集中加热，并使其内焰包住缝隙，防止钢筋端面产生氧化，如图 11—5a 所示；若采用中性焰，如图 11—5b 所示，内焰还原气氛没有包住缝隙，容易使端面氧化。

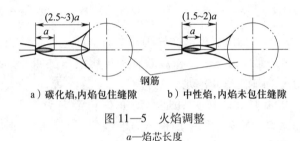

a）碳化焰,内焰包住缝隙 b）中性焰,内焰未包住缝隙

图 11—5　火焰调整

a—焰芯长度

4. 宽幅加热

在确认两钢筋缝隙完全密合后，应改用中性焰，以压焊面为中心，在两侧各 一倍钢筋直径长度范围内往复宽幅加热，如图 11—6 所示。

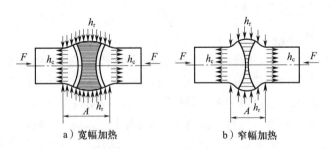

a）宽幅加热　　　　　　b）窄幅加热

图 11—6　火焰往复加热

h_r—热输入　h_c—热导出　A—加热摆幅宽度　F—压力

第三节　气压焊常用气体性质及安全要求

气压焊常用的气体主要有氧气、乙炔气和液化石油气等。

一、氧气

1. 氧气的性质

氧气（O_2）在标准状态下（0℃，9.8×10^4 Pa）是一种无色、无味、无毒的气体，密度为 1.43 kg/m^3（空气为 1.29 kg/m^3）。大气压下温度降至 -182.96℃时，氧气由气态变为蓝色的液态，在 -218.4℃时成为固体。

氧气不是可燃气体，但它是一种化学性质极为活泼的助燃气体，能使其他可燃物质发生剧烈燃烧（氧化），并能同许多元素化合生成氧化物。氧气是人类呼吸必需的气体，在空气中正常氧含量约为 21%，如低于 18% 则为缺氧。

2. 压缩纯氧的危险性

工业用气体氧的纯度一般分为两级：一级纯度不低于 99.2%；二级纯度不低于 99.5%。

（1）增加氧气的纯度和压力会使氧化反应显著加剧。金属的燃点随着氧气压力的增高而降低，见表 11—1。

表 11—1　　　　　　　　金属的着火温度

金属名称	氧气压力（MPa）				
	1	10	35	70	126
铜	1 085	1 050	905	835	780
低合金钢	950	920	825	740	630
软钢	—	1 277	1 104	1 018	944

（2）乙炔气和液化石油气只有在纯氧中燃烧才能达到最高温度，因此，气压焊必须选用高纯度氧气，否则会影响燃烧效率。但值得注

意的是高浓度氧气易引发火灾事故，织物在高浓度氧气的环境下燃烧极快，比在正常空气情况下要快得多，且烧伤伤口不易治愈。高压氧气与油脂、炭粉等易燃物接触，会引起自燃和爆炸。

（3）使用氧气时，尤其在压缩状态下，必须仔细地注意，不要使它与易燃物质相接触；否则，会使易燃物受到剧烈的氧化而升温、积热而能够发生自燃，构成火灾或爆炸。特别是氧气瓶的瓶嘴、氧气表、氧气胶管、焊炬、割炬等不可沾染油脂。

（4）氧气几乎能与所有可燃性气体和蒸气混合而形成爆炸性混合物，这种混合物具有较宽的爆炸极限范围。多孔性有机物质（如炭、炭黑、泥炭、羊毛纤维等）浸透了液态氧（所谓液态炸药）后，在一定的冲击下就会产生剧烈爆炸。

3. 氧气使用安全要求

（1）严禁用氧气作为通风换气的气体。

（2）严禁用氧气作为气动工具动力源。

（3）氧气瓶、氧气管道等器具严禁与油脂接触。

（4）禁止用氧气来吹扫工作服。

二、乙炔气

1. 乙炔气的性质

乙炔气是一种未饱和的碳氢化合物，化学式为 C_2H_2，结构简式为 $HC\equiv CH$，具有高的键能，化学性质非常活泼，容易发生加成、聚合和取代等各种反应。在常温、常压下，乙炔气是一种高热值的容易燃烧和爆炸的气体。

乙炔气在标准状态下密度为 $1.17\ kg/m^3$。纯乙炔为无色、无味气体，工业用乙炔气因含有硫化氢（H_2S）和磷化氢（H_3P）等杂质，故有特殊臭味。乙炔中毒主要是损伤人的中枢神经系统。

2. 乙炔气的危险性

（1）与氢气、一氧化碳、丙烷、丁烷等相比，乙炔气的发热量较高（52 753 J/L）。乙炔气与空气混合燃烧时所产生的火焰温度为 2 350℃，而与氧气混合燃烧的火焰温度可达 3 000 ~ 3 300℃。

（2）乙炔气与空气或氧气混合时易引发氧化爆炸。乙炔气与空气混合时，爆炸极限为 2.2% ~81%（指乙炔气在混合气体中占有的体积），自燃温度为 305℃；而与氧气混合时，爆炸极限为 2.8% ~93%，自燃温度为 300℃。

由此可知，乙炔气爆炸极限下限低，爆炸极限范围大，自燃温度低，在 200 ~300℃时会发生聚合反应并放出热量，燃烧和回火速度快（在空气中燃烧速度为 4.7 m/s，在氧气中为 7.5 m/s），与铜或银及其盐类长期接触会生成极易爆炸的乙炔铜、乙炔银，所以乙炔气危险性比较大。

（3）在一定压力下，只要温度合适，乙炔气即发生分解爆炸。当乙炔气压力为 0.15 MPa、温度达 580℃时，便开始分解爆炸。压力越高，乙炔气分解爆炸所需的温度越低。有关试验发现，当气体压力压缩到 0.18 MPa 以上时，乙炔气完全分解爆炸。因此，乙炔气不能压缩成氧气那样的高压。根据这一点，国家有关标准规定，乙炔气最高工作压力禁止超过 0.147 MPa（表压）。

（4）乙炔气与铜、银等金属或其他盐类长期接触，会生成乙炔铜和乙炔银等爆炸性化合物，当受到震动、摩擦、冲击或加热时便会发生爆炸。

（5）乙炔气能溶于水，但在丙酮等有机液中溶解度较大。在 15℃、0.1 MPa 时，1 L 丙酮能溶解 23 L 乙炔气。当压力为 1.42 MPa 时，1 L 丙酮可溶解乙炔气约 400 L。

乙炔气溶解在液体中会大大降低其爆炸性。利用这一特性，将乙炔气溶解于丙酮中而成为"溶解乙炔"，可使其在 1.47 MPa 的压力下仍能安全工作。这大大方便了乙炔气的储存、运送和使用。目前，普遍使用的瓶装乙炔就是这种溶解乙炔。

（6）乙炔的爆炸性与储存乙炔的容器形状、大小有关。容器直径越小，越不容易爆炸。将乙炔储存在毛细管及微细小孔中，由于阻力和散热表面积大，会大大降低爆炸性，即使压力达到 2.65 MPa 也不会爆炸。

3. 乙炔安全使用要求

（1）利用乙炔的爆炸性与储存乙炔的容器形状、大小有关的特性，乙炔瓶内装有多孔填料，同时乙炔储存在毛细管及微细小孔中，可大大降低其爆炸性。

（2）禁止使用纯铜、银或铜含量超过70%的铜合金制造与乙炔接触的仪表、管道等有关零件。另外，乙炔燃烧时，严禁用四氯化碳灭火。

（3）在作业过程中乙炔瓶必须直立使用和存放。严禁将乙炔瓶卧倒使用；否则，导致瓶内丙酮大量外溢（瓶内充装的丙酮是有限的）而使乙炔气不能完全溶解，则很有可能会因此而发生乙炔分解爆炸。

三、液化石油气

1. 液化石油气的性质

液化石油气是油田开发或炼油厂石油裂解的副产品，其主要成分是丙烷（C_3H_8）、丁烷（C_4H_{10}）、丙烯（C_3H_6）、丁烯（C_4H_8）和少量的乙烷（C_2H_6）、乙烯（C_2H_4）等碳氢化合物。工业上使用的液化石油气是一种略带臭味的无色气体。在标准状态下，其密度为 $1.8 \sim 2.5 \ kg/m^3$，比空气重。

液化石油气在 $0.8 \sim 1.5 \ MPa$ 的压力下即由气态转化为液态，便于装入瓶内储存和运输。

2. 液化石油气燃烧爆炸的危险性

（1）液化石油气是易燃、易爆气体，其中丙烷与空气混合时的爆炸极限为 $2.3\% \sim 9.5\%$（指丙烷所占体积），爆炸极限范围比较窄，而与氧气混合时的爆炸极限为 $3.2\% \sim 64\%$。液化石油气与氧气混合气的燃烧范围见表11—2。

表11—2　　液化石油气与氧气混合气的燃烧范围

序号	液化石油气在混合气中所占的体积分数	燃爆情况
1	3.2	爆声微弱
2	6.0	有爆声
3	6.7	有爆声
4	12.9	有爆声
5	19.1	爆声较响
6	33.1	爆声响
7	36.2	爆声响
8	43	爆声响
9	51.5	爆声响、强烈发光
10	64	爆声响、强烈发光

（2）液化石油气容易挥发，如果从气瓶中滴漏出来，会扩散成体积为 350 倍的气体。闪点低（如组分丙烷挥发点为 -42℃，闪点为 -20℃）。

（3）气态石油气比空气重（约 1.5 倍），易于向低处流动而滞留积聚。液态石油气比水轻，能漂浮在水沟的液面上，随风流动并在死角处聚集。

（4）石油气对普通橡胶导管和衬垫有润胀和腐蚀作用，能造成胶管和衬垫的穿孔或破裂。

3. 液化石油气使用安全要求

（1）使用及储存液化石油气瓶的车间和库房的下水道排出口应设置安全水封；电缆沟进、出口应填装沙土，暖气沟进、出口应砌砖抹灰，防止液化石油气窜入其中发生火灾爆炸。室内通风孔除设在高处外，低处也设有通风孔，以利于空气对流。

（2）不得擅自倒出液化石油气残液，以防遇火成灾。

（3）必须采用耐油性强的橡胶，不得随意更换衬垫和胶管，以防腐蚀漏气。

（4）点火时应先点燃引火物，然后打开气阀。

第四节　乙炔发生器安全要求

乙炔发生器是利用电石和水相互作用而制取乙炔气的设备。

乙炔发生器的工作过程是发生器中的电石篮浸入水中后，电石与水充分接触。电石在大量水中分解，产生的乙炔气进入储气罐，再经回火防止器，供气压焊的加热器使用。

乙炔发生器是一种容易发生着火爆炸危险的设备，它的工作介质中有可燃易爆气体乙炔和遇水燃烧一级危险品电石。在加料、换料时空气会进入罐内，发生回火时火焰和氧气还会进入发生器，就有发生着火和爆炸事故的可能性。因此，乙炔发生器的操作人员必须受过专门安全培训，熟悉发生器的结构原理、维护规则及安全操作技术，并经安全技术考试合格。禁止非气压焊工操作乙炔发生器。乙炔发生器的使用需注意下列安全事项：

一、乙炔发生器的布设原则

移动式发生器可以安置在室外，也可以安置在自然通风良好的室内。但禁止安置在锻工、铸工和热处理等热加工车间及正在运行的锅炉房内。固定式发生器应布置在单独的房间，在室外安置时应有专用棚子。

乙炔发生器不应布设在高压线下和吊车滑线下等处；不准靠近空气压缩机、通风机的吸风口，并应布置在下风侧；不得布设在避雷针接地导体附近，乙炔发生器与明火、散发火花地点、高压电源线及其他热源的水平距离应保持在 10 m 以上，不准安放在剧烈震动的工作台和设备上。夏季在室外使用移动式发生器时应加以遮盖，严禁暴晒。

二、使用前的准备工作

首先应检查乙炔发生器的安全装置是否齐全，工作性能是否正常，管路、阀门的气密性是否良好，操纵机构是否灵活等，在确认正常后才能灌水并加入电石。灌水必须按规定装足水量。冬季使用乙炔发生器时如发现冻结，用热水或蒸汽解冻，严禁用明火或烧红的铁烘烤，更不准用铁器等易产生火花的物体敲击。

三、乙炔发生器的启动

乙炔发生器启动前要检查回火防止器的水位，待一切正常后，才能打开进水阀给电石送水，或通过操纵杆让电石篮下降与水接触产生乙炔。这时应检查压力表、安全阀及各处接头等处是否正常。

四、工作过程中的管理与维护

在供气使用前应排放乙炔发生器内留存的乙炔气与空气混合气。运行过程中清除电石渣的工作必须在电石完全分解后进行。

发生器内水温超过 80℃ 时，应该灌注冷水或暂时停止工作，采取冷却措施使温度下降。不可随便打开乙炔发生器放水，以防止因电石过热而引起着火和爆炸。

五、停用时的清理工作

乙炔发生器停用时应先将电石篮提高脱离水面或关闭进水阀，使电石停止产气；然后再关闭出气管阀门，停止乙炔气输出。开盖取出电石篮后应排渣和清洗干净。必须强调指出，在开盖取出电石篮时，若乙炔发生器着火，不得采取盖上盖子后立即放水的操作方法。在工作结束时，乙炔发生器因较长时间的运行，容易造成电石过热而发生乙炔着火现象。此时，有些操作者误认为只要把水放掉，罐里就空了，没有水和电石起作用，也就安全了。因为这种错误操作造成的伤亡事故时有发生，所以，近来在有些乙炔发生器的使用说明书上对此已专门做了规定。正确的操作方法是：开盖发现着火时，应立即盖上盖子，以隔绝空气。接着使电石与水脱离接触，待冷却降温后才能再开盖和放水。

第五节　常用气瓶、输气管道、焊炬安全使用要求

用于气压焊的氧气瓶属于压缩气瓶，乙炔瓶属于溶解气瓶，液化石油气瓶属于液化气瓶。应当根据各类气瓶的不同特点采取相应的安全措施。

一、氧气瓶

1. 氧气瓶的结构

氧气瓶是用于储存和运输氧气的高压容器。气瓶的容积为 40 L，在 15 MPa 压力下可储存 6 m³ 的氧气，氧气瓶的结构如图 11—7 所示。通常采用合金钢经热挤压制成无缝圆柱形。瓶体上部的瓶口内壁攻有螺纹，用以旋上瓶阀，瓶口外部还套有瓶箍，用以旋装瓶帽，以保护瓶阀不受意外的碰撞而损坏。防震圈（橡胶制品）用来减轻震动冲击，瓶体的底部呈凹面形状或套有方形底座，使气瓶直立时保持平稳。瓶壁厚度为 5~8 mm。瓶体外表涂天蓝色，并标注黑色"氧气"字样。

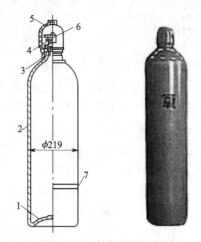

图 11—7　氧气瓶的结构

1—瓶底　2—瓶体　3—瓶箍　4—瓶阀　5—瓶帽　6—瓶头　7—防震圈

2. 氧气瓶的危险性

氧气瓶的爆炸大多属于物理性爆炸，其主要原因如下：

（1）气瓶的材质、结构有缺陷，制造质量不符合要求，例如，材料较脆、瓶壁厚薄不均匀、有夹层、瓶体受腐蚀等。

（2）在搬运及装卸时，气瓶从高处坠落、倾倒或滚动，发生剧烈碰撞冲击。尤其当气瓶瓶阀由于没有瓶帽保护，受震动或使用方法不当时，造成密封不严、泄漏，甚至瓶阀损坏，使高压气流冲出。

（3）开气速度太快，气体含有水珠、铁锈等颗粒，高速流经瓶阀时产生静电火花，或由于绝热压缩引起着火爆炸。

（4）由于气瓶压力太低或安全管理不善等造成氧气瓶内混入可燃气体。

（5）解冻方法不当。氧气从气瓶流出时，体积膨胀，吸收周围的热量，瓶阀处容易发生霜冻现象，如用火烤或铁器敲打，易造成事故。

（6）瓶阀等处黏附油脂；气瓶直接受热；未按规定期限做技术检验。

3. 氧气瓶的安全使用

（1）为了保证安全，氧气瓶在出厂前必须按照《气瓶安全监察规程》的规定严格进行技术检验。检验合格后，应在气瓶肩部的球面部分做明显的标志，标明瓶号、工作压力和检验压力、下次试压日期等。

（2）充灌氧气瓶前，首先必须进行外部检查，同时还要化验鉴别瓶内气体成分，不得随意充灌。充灌氧气瓶时，气体流速不能过快，否则易使气瓶过热，压力剧增，造成危险。

（3）气瓶与电焊机在同一工地使用时，瓶底应垫以绝缘物，以防气瓶带电。与气瓶接触的管道和设备要有接地装置，防止由于产生静电而造成燃烧或爆炸。

冬季使用气瓶时由于气温比较低，加上高压气体从钢瓶排出时吸收瓶体周围空气中的热量，所以瓶阀或减压器可能出现结霜现象。可用热水或蒸汽解冻，严禁使用火焰烘烤或用铁器敲击瓶阀，也不能猛拧减压器的调节螺钉，以防气体大量冲出而造成事故。

（4）在储运和使用过程中，应避免剧烈震动和撞击，搬运气瓶必须用专门的抬架或小推车，禁止直接使用钢绳、链条、电磁吸盘等吊运氧气瓶。车辆运输时，应用波浪形瓶架将气瓶妥善固定，并应戴好瓶帽，防止损坏瓶阀。轻装轻卸，严禁从高处滑下或在地面滚动气瓶。使用和储存时，应用栏杆或支架加以固定、扎牢，防止突然倾倒。

（5）氧气瓶应远离高温、明火和熔融金属飞溅物，安全规则规定应相距 5 m 以上。夏季在室外使用时应加以覆盖，不得暴晒。

（6）使用氧气时，开气应缓慢，防止静电火花和绝热压缩。如果逆时针方向旋转手轮，则开启瓶阀；顺时针旋转则关闭瓶阀。瓶阀的一侧装有安全膜，当瓶内压力超过规定值时，安全膜片即自行爆破放气，从而保护了氧气瓶的安全。

（7）氧气不能全部用尽，应留有 0.2 ~ 0.3 MPa 余气，使氧气瓶保持正压，并关紧阀门防止漏气。目的是预防可燃气体倒流进入瓶内，而且在充气时便于化验瓶内气体成分。

（8）不得使用超过应检期限的气瓶。氧气瓶在使用过程中，必须按照安全规则的规定每三年进行一次技术检验。每次检验合格后，要在气瓶肩部的标志上标明下次检验日期。灌满的氧气瓶启用前先要查看应检期限，如发现逾期未做检验的气瓶，不得使用。

（9）氧气瓶阀不得黏附油脂，不得用沾有油脂的工具、手套或油污工作服等接触瓶阀和减压器。

二、乙炔瓶

1. 乙炔瓶的结构

乙炔瓶是由低合金钢板经轧制、焊接制成的，是一种储存和运输乙炔气的容器，如图 11—8 所示。瓶体内装着浸满丙酮的多孔性填料，使乙炔气稳定而又安全地储存于乙炔瓶内。使用时打开瓶阀，溶解于丙酮内的乙炔气就分解出来，通过瓶阀流出，气瓶中的压力即逐渐下降。瓶口中心的长孔内放置过滤用的不锈钢线网和毛毡（或石棉）。瓶里的填料可以采用多孔而轻质的活性炭、硅藻土、浮石、硅酸钙、石棉纤维等。目前多采用硅酸钙。

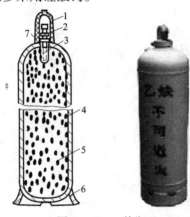

图 11—8　乙炔瓶

1—瓶帽　2—瓶阀　3—毛毡　4—瓶体　5—多孔性填料　6—瓶座　7—瓶口

乙炔瓶的公称容积和直径可按表 11—3 选取。

表 11—3　　　　　　　　乙炔瓶的公称容积和直径

公称容积（L）	≤25	40	50	60
公称直径（mm）	220	250	250	300

乙炔瓶的设计压力为 3 MPa，水压试验压力为 6 MPa。乙炔瓶采用焊接气瓶，即气瓶筒体及筒体与封头用焊接连接。

瓶体的外表漆成白色，并标注红色"乙炔"和"不可近火"字样。瓶内最高压力为 1.5 MPa。

2．乙炔瓶的危险性

乙炔瓶发生着火爆炸事故的原因如下：

（1）与氧气瓶爆炸的原因相同。

（2）乙炔瓶内填充的多孔物质下沉，产生净空间而使部分乙炔气处于高压状态。

（3）由于乙炔瓶横躺卧放，或大量使用乙炔气时丙酮随之流出。

（4）乙炔瓶阀漏气等。

3．乙炔瓶的安全使用

（1）气瓶在使用过程中必须根据《气瓶安全监察规程》和《溶解乙炔瓶安全监察规程》以及有关国家标准的要求定期进行技术检验。氧气瓶和乙炔瓶必须每三年检验一次，而且检验单位必须在气瓶肩部规定的位置打上检验单位代号、本次检验日期和下次检验日期的钢印标记。气瓶在使用过程中如发现有严重腐蚀、损伤或有怀疑时，可提前进行检验。

（2）乙炔瓶阀与氧气瓶阀不同，它没有旋转手轮，活门的开启和关闭是利用方孔套筒扳手转动阀杆上端的方形头实现的。阀杆逆时针方向旋转，瓶阀开启；反之，关闭乙炔瓶阀。乙炔瓶阀的阀体旁侧没有侧接头，因此必须使用带有夹环的乙炔减压器，并配用回火防止器。

（3）瓶体表面温度不得超过40℃。瓶温过高会降低丙酮对乙炔气的溶解度，导致瓶内乙炔气压力急剧增高。在普通大气压下，温度15℃时，1 L丙酮可溶解23 L乙炔气，30℃时为16 L，40℃时为13 L。因此，在使用过程中要经常用手触摸瓶壁，如局部温度升高超过40℃（会有些烫手），应立即停止使用，在采取水浇降温并妥善处理后，送充气单位检查。

（4）乙炔瓶存放和使用时只能直立，不能横躺卧放，以防止丙酮流出引起燃烧或爆炸（丙酮与空气混合气的爆炸极限为2.9% ~ 13%），乙炔瓶直立牢靠后，应静候15 min左右才能装上减压器使用。开启乙炔瓶的瓶阀时，不要超过一圈半，一般情况只开启3/4圈。

（5）存放乙炔瓶的室内应注意通风换气，防止泄漏的乙炔气滞留。

（6）乙炔瓶不得遭受剧烈震动或撞击，以免填料下沉，形成净空间。

（7）乙炔瓶的充灌应分两次进行。第一次充气后的静置时间不少于8 h，然后再进行第二次充灌。无论分几次充气，充气静置后的极限压力都不得大于表 11—4 的规定。

表 11—4　　　　　乙炔瓶内允许极限压力与环境温度的关系

温度（℃）	−10	−5	0	+5	+10	+15	+20	+25	+30	+35	+40
压力（表压，MPa）	7	8	9	10.5	12	14	16	18	20	22.5	25

（8）瓶内气体严禁用尽，必须留有不低于表 11—5 规定的剩余压力。

表 11—5　　　　　乙炔瓶内剩余压力与环境温度的关系

环境温度（℃）	<0	0 ~ 15	15 ~ 25	25 ~ 40
剩余压力（MPa）	0.05	0.1	0.2	0.3

三、液化石油气瓶

1. 液化石油气瓶的结构

液化石油气瓶是由 Q345 钢、优质碳素结构钢等薄板材料制成的。气瓶壁厚为 2.5 ~ 4 mm。气瓶储存量分别为 10 kg、15 kg 及 30 kg 等。一般民用气瓶大多为 10 kg，工业上常采用 20 kg 或 30 kg 气瓶。如果用量很大，还可制造容量为 1.5 ~ 3.5 t 的大型储罐。

液化石油气瓶最大工作压力为 1.56 MPa，水压试验压力为 3 MPa。钢瓶内容积是按液态丙烷在 60℃时恰好充满整个钢瓶设计的，所以钢瓶内压力不会达到 1.6 MPa，钢瓶内会有一定的气态空间。液化石油气瓶由底座、瓶体、瓶嘴、耳片和护罩等组成，如图 11—9 所示。

图 11—9　液化石油气瓶的结构

1—耳片　2—瓶体　3—护罩　4—瓶嘴　5—上封头　6—下封头　7—底座

液化石油气瓶表面涂成灰色，气瓶表面用红漆标注"液化石油气"字样。

常用的液化石油气瓶规格见表 11—6。

表 11—6　　　　　　　　　液化石油气瓶规格

类别	容积（L）	外径（mm）	壁厚（mm）	瓶高（mm）	自重（kg）	材质	耐压试验水压（MPa）
10 kg	23.5	325	4	530	13	20 或 Q235	3.2
12 ~ 12.5 kg	29	325	2.5	—	11.5	Q345	3.2
15 kg	34	335	2.5	645	12.5	Q345	3.2
20 kg	47	380	3 (2.5)	650	20 (25)	Q235 或 Q345	3.2

2. 液化石油气瓶的危险性

液化石油气发生着火爆炸事故的原因如下：

（1）与氧气瓶发生爆炸事故的原因相同。

（2）液化石油气瓶充灌过满，受热时瓶内压力剧增。

（3）气瓶角阀、O 形垫圈漏气。

3. 液化石油气瓶的安全使用

（1）与氧气瓶安全使用措施相同。

（2）气瓶充灌必须按规定留出汽化空间，不能充灌过满。

（3）衬垫、胶管等必须采用耐油性强的橡胶，不得随意更换衬垫和胶管，以防因受腐蚀而发生漏气。

（4）气瓶应直立放置。使用前，可用毛刷蘸肥皂液从瓶阀处涂刷，一直检查到焊炬、割炬，并观察是否有气泡产生，以此检验供气系统的密封性。

（5）钢瓶的使用温度为 -40 ~ 60℃，绝对不允许超过 60℃，冬季使用可在用气过程中以低于 40℃ 的温水加热。严禁用火烤或沸水加热，不得靠近炉火和暖气片等热源。

（6）不得自行倒出液化石油气残液，以防遇火成灾。

（7）应经常检查液化石油气瓶出口连接的减压器的性能是否正常。减压器的作用不仅是把瓶内的液化石油气压力从高压减到 3.51 kPa 的低压，而且在切割时，如果氧气倒流入液化石油气系统，减压器的高压端还能自动封闭，具有逆止作用。

四、胶管着火爆炸事故原因与安全使用

胶管的作用是向焊炬输送氧气和乙炔气，是一种重要的辅助工具。用于气压焊的胶管由优质橡胶内、外胶层和中间棉织纤维层组成，整个胶管需经过特别的化学加工处理，以防止其燃烧。

1. 胶管发生着火爆炸的原因

（1）由于回火引起着火爆炸。

（2）胶管里形成乙炔气与氧气或乙炔气与空气的混合气。

（3）由于磨损、挤压硬伤、腐蚀或保管及维护不善，致使胶管老化，强度降低并造成漏气。

（4）制造质量不符合安全要求。

（5）氧气胶管黏附有油脂或高速气流产生的静电火花等。

2. 胶管的安全使用

（1）应分别按照氧气胶管和乙炔胶管国家标准的规定保证制造质量。胶管应具有足够的抗压强度和阻燃特性。

根据国家标准规定，气焊中氧气胶管为黑色，内径为 8 mm；乙炔胶管为红色，内径为 10 mm。这两种胶管不能互换，更不能用其他胶管代替。

（2）胶管在保存和运输时必须注意维护，保持胶管的清洁和不受损坏。要避免阳光照射、雨雪浸淋，防止与酸、碱、油类及其他有机溶剂等影响胶管质量的物质接触。存放温度为 $-15 \sim 40\,^{\circ}\mathrm{C}$，距离热源应不少于 1 m。

（3）新胶管在使用前，必须先把内壁的滑石粉吹除干净，以防止焊炬的通道被堵塞。胶管在使用中应避免受外界挤压和机械损伤，也不得与上述影响胶管质量的物质接触，不得将胶管折叠。

（4）为防止在胶管里形成乙炔气与空气（或氧气）的混合气，氧气与乙炔胶管不得互相混用和代用，不得用氧气吹除乙炔胶管的堵塞物。同时应随时检查和消除焊炬的漏气、堵塞等缺陷，防止在胶管内形成氧气与乙炔气的混合气。

（5）如果发生回火倒燃进入氧气胶管的现象，则不可继续使用旧

胶管,必须更新。因为回火常常将胶管内胶层烧坏,压缩纯氧又是强氧化剂,若再继续使用必将失去安全性。

五、管道发生着火爆炸事故的原因与安全措施

由乙炔站集中供应气压焊用气体时,乙炔气和氧气是采用管路输送的。乙炔和氧气管道属于可燃、易爆介质和助燃介质的管道,因此,应该采取管道工程的防爆设施。

1. 管道发生着火爆炸事故的原因

(1)气体在管道内流动时,夹杂于气流中的锈皮、水珠等与管道发生摩擦,当超过一定流速时就会产生静电积聚而放电。

(2)由于漏气,在管道外围形成爆炸性气体滞留的空间,遇明火即可发生燃烧和爆炸。

(3)外部明火导入管道内部。这里包括管道附近明火的导入,以及与管路相连接的焊接工具由于回火造成火焰倒袭进入管道内。

(4)管道里的铁锈及其他固体微粒随气体高速流动时产生的摩擦热和碰撞热(尤其在管道拐弯处)是管道发生燃爆的一个因素。

(5)管道过分靠近热源,管内气体过热引起燃烧和爆炸。

(6)氧气管道阀门黏附油脂。

(7)由于雷击等意外情况产生巨大的电磁热、机械效应和静电作用等,常使管道及构筑物遭到破坏或引起火灾爆炸事故。

2. 管道防爆措施

(1)应按照防爆手册的规定限制气体流速、管径和选择管材。

(2)防止静电放电的接地措施。管道在室内外架空或埋地敷设时都必须可靠接地。室外管道埋地敷设时,每隔 $200 \sim 300$ m 设一接地极;架空敷设时,每隔 $100 \sim 200$ m 设一接地极。室内管道无论架空还是用地沟敷设(不宜采用埋地敷设),每隔 $30 \sim 50$ m 均应设一接地极。但无论管道长短如何,在管道起端和终端及管道进入建筑物的入口处都必须设接地极。接地装置的接地电阻不大于 20 Ω。

离地面 5 m 以上架空敷设的氧气、乙炔管道,为防止雷击产生的静电或电磁感应对管道的作用,须缩短接地极间的距离,一般不超过 50 m。

（3）为防止外部明火导入管道内部，可采用水封回火防止器，也可采用火焰消除器（或称防火器、阻火器）。阻火器可用粉末冶金材料制成，或是用多层铜网（或铝网）重叠起来制成。

（4）防止管道外围形成爆炸气体滞留的空间，乙炔管道通过厂房车间时，应保证室内通风良好，并应定期监测乙炔气浓度，以便及时采取措施排除爆炸性混合气，并检查管道是否漏气，防止燃烧和爆炸事故。

（5）氧气和乙炔管道在安装及使用前都应进行脱脂。常用脱脂剂二氯乙烷和酒精为易燃液体，四氯化碳和三氯乙烯虽不是易燃物，但在明火和灼热物体存在的条件下易分解成剧毒气体——光气。故脱脂现场必须严禁烟火。

（6）氧气和乙炔管道除与一般受压管道同样要求做强度试验外，还应做气密性试验和泄漏量试验。

（7）埋地乙炔管道不应敷设的地点

1）烟道、通风地沟和直接靠近高于50℃的热表面。

2）建筑物、构筑物和露天堆场的下面。

3）架空乙炔管道靠近热源敷设时宜采取隔热措施，管壁温度严禁超过70℃。

（8）乙炔管道可与供同一使用目的的氧气管道共同敷设在有不可燃盖板的不通行地沟内。地沟内必须全部填满沙子，并严禁与其他沟道相通。

（9）乙炔管道严禁穿过生活间、办公室。厂区和车间的乙炔管道不应穿过不使用乙炔的建筑物和房间。

（10）氧气管道严禁与燃油管道同沟敷设。架空敷设的氧气管道不宜与燃油管道共架敷设，如确需共架敷设时，氧气管道宜布置在燃油管道的上面，且净距离应不小于0.5 m。

（11）乙炔管路使用前应当用氮气全部吹洗，取样化验合格后方准使用。

六、射吸式焊炬

目前气压焊广泛应用射吸式焊炬，其使用安全注意事项主要有以下几点：

1. 先进行安全检验后点火

使用前必须先检查其射吸性能。检查方法为：将氧气胶管紧固在氧气接头上，接通氧气后，先开启乙炔调节手轮，再开启氧气调节手轮，然后用手指按在乙炔接头上，若感到有一股吸力，则表明其射吸性能正常。如果没有吸力，甚至氧气从乙炔接头中倒流出来，则说明射吸性能不正常，必须进行修理，否则严禁使用。

射吸性能检查正常后，接着检查是否漏气。检查方法为：把乙炔胶管也接在乙炔接头上，将焊炬浸入干净的水槽内，或者在焊炬的各连接部位、气阀等处涂抹肥皂水，然后开启调节手轮送入氧气和乙炔气，不严密处将会冒出气泡。

2. 点火

经以上检查合格后才能给焊炬点火。点火时有先开乙炔和先开氧气两种方法，为安全起见，最好先开乙炔，点燃后立即开氧气并调节火焰。与先开氧气后开乙炔的方法比较起来，这种点火方法有下列优点：点火前在焊嘴周围的局部空间不会形成氧气与乙炔气的混合气，可避免点火时的鸣爆现象；可根据能否点燃乙炔及火焰的强弱，帮助检查焊炬是否堵塞、漏气等；点燃乙炔后再开氧气，火焰由弱逐渐变强，燃烧过程较平稳。其缺点是点火时会冒黑烟，影响环境卫生。大功率焊炬点火时，应采用摩擦引火器或其他专用点火装置，禁止用普通火柴点火，以防止烧伤。

3. 关火

关火时，应先关乙炔后关氧气，防止火焰倒袭和产生烟灰。使用大号焊嘴的焊炬在关火时，可先把氧气开大一点，然后关乙炔，最后再关氧气。先开大氧气是为了保持较高流速，有利于避免回火。

4. 回火

发生回火时应急速关乙炔，随即关氧气，倒袭的火焰在焊炬内很快会熄灭。稍等片刻再开氧气，吹出残留在焊炬里的烟灰。此外，在紧急情况下可拔去乙炔胶管，为此，一般要求乙炔胶管与焊炬接头的连接不能太紧或太松，以不漏气并能插上和拔下为原则。

5. 防油

焊炬的各连接部位、气体通道及调节阀等处均不得黏附油脂。

6. 焊炬的保存

焊炬停止使用后，应拧紧调节手轮并挂在适当的场所，也可卸下胶管，将焊炬存放在工具箱内。必须强调指出：禁止为使用方便而不卸下胶管，将焊炬、胶管和气源永久性连接，并将焊炬随意放在容器里或锁在工具箱内。这种做法容易造成容器和工具箱爆炸或在点火时常发生回火，并容易引起氧气胶管爆炸。

第六节　气压焊操作

一、钢轨气压焊

钢轨气压焊焊件图如图 11—10 所示。

技术要求

1. 钢轨对接采取气压焊接。
2. 焊件为重型钢轨，单位长度质量为 43 kg/m，材质为 45 Mn，长度为 800，两根。
3. 将两根重型钢轨对接气压焊，保证对称、同轴，接头牢固、无缺陷。

训练内容	材料	工时
钢轨气压焊	45 Mn	40 min

图 11—10　钢轨气压焊焊件图

二、气压焊操作训练

1. 焊前准备

（1）焊机。移动式钢轨气压焊机如图 11—11 所示。

（2）焊件。重型钢轨，单位长度质量为 43 kg/m，材质为 45 Mn，长度为 800 mm，两根。

（3）装配。将两根重型钢轨对接，置于移动式钢轨气压焊机内，保证对称、同轴。

2. 焊接前操作

（1）将重型钢轨垫实对接，将移动式钢轨气压焊机自钢轨轨顶从上而下扣住两根钢轨。

（2）用扳手紧固两个对称压接机部件上的紧固螺钉，楔入四块斜铁，将钢轨牢固地加以固定，如图 11—12 所示。

图 11—11　移动式钢轨气压焊机　　图 11—12　将钢轨固定在气压焊机内

3. 焊接操作

（1）将氧—乙炔焰加热器套入重型钢轨接口处，点燃加热器，对钢轨待焊处进行加热，并有节奏地沿钢轨纵向、前后移动，以便能均匀地加大钢轨端的受热面积，如图 11—13 所示。

（2）观察钢轨的受热状况，当钢轨表面呈现亮黄色时，启动高压液压泵，给予钢轨一定的轴向顶锻压力，进行钢轨气压焊接，获得顶锻后的钢轨焊接接头，如图 11—14 所示。

图 11—13　对钢轨接口加热　　图 11—14　顶锻后的钢轨焊接接头

（3）接着，关闭加热器，熄灭火焰，趁红热状态在高压液压泵作用下，气压焊机左侧的压接机向右缓慢移动，利用其侧面的剪刀将钢轨焊接接头的余高全部剪除（见图11—15），获得平整、光滑的钢轨接头（见图11—16）。

图11—15　剪除钢轨上的余高　　　图11—16　光滑的钢轨接头

4. 焊接结束后，松动紧固螺钉及斜铁，取下气压焊机，关闭加热器的气源。清理现场，确保无火源。

第十二章　高频焊安全

高频焊是指利用 10~500 kHz 高频电流流经金属连接面产生电阻热并施加（或不施加）压力使金属结合的一种焊接方法。

第一节　高频焊原理、应用范围及安全特点

一、高频焊原理及应用范围

高频焊是利用高频电流的集肤效应和邻近效应两大特性来实现焊接。

1. 集肤效应

集肤效应是高频电流倾向于在金属导体表面流动的一种现象。随着电流频率的增加，电流透入深度减小，集肤效应显著。

2. 邻近效应

当高频电流在两导体中彼此反向流动或在一个往复导体中流动时，就会出现电流集中流动于导体邻近侧的奇异现象，此现象称为邻近效应。对高频电流而言，当邻近导体与金属板边间构成往复导体时（流向相反），其间形成的感抗最小。而电流趋向于通过感抗最小的路径。

邻近效应随频率增加而增大，随邻近导体与焊件之间距离越近而越强烈，因而使电流更为集中，加热程度更显著。若在邻近导体周围加一磁芯，则高频电流将会更窄地集中于焊件表层。

高频焊分为高频电阻焊（HFRW）和高频感应焊（HFIW）。

3. 高频电阻焊原理

高频电阻焊是高频电流通过电极触头直接接触导入焊件进行焊接的，故又称接触高频焊。

图12—1所示为管材纵缝高频电阻焊原理图。待焊件的两边缘须预制成如图12—1所示的V形会合角，焊接时高频电源通过会合角两边的一对滑动触头导入焊件，由于高频电流的集肤效应，使电流沿着会合角两边的表面层形成往复回路，产生了电阻热，在会合角附近电流密度最大，被快速加热到焊接温度，在挤压滚轮的作用下将管坯接口挤在一起，挤出氧化物和熔化金属，并在管坯周长上留有一定的挤压量，产生强烈的顶锻，促使金属原子之间牢固结合。挤压滚轮旋转使管坯前移，然后由焊接机组前边设置的刨刀将挤出的氧化物和部分金属切削除去。如焊接产生金属火花喷溅，则为闪光焊，此方法易于排除金属氧化物，焊接质量高且稳定。

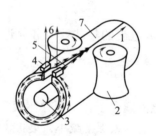

图12—1　管材纵缝高频电阻焊原理图
1—管坯运动方向　2—挤压滚轮　3—阻抗器
4—触头接触位置　5—V形会合角　6—高频电源　7—焊件

4. 高频感应焊原理

高频感应焊时加热焊件的高频电流是由感应线圈通过磁场感应在焊件上产生的。图12—2所示为管材纵缝高频感应焊原理图。由感应线圈4中的高频电源6感应出围绕管子外周表面并沿管子V形会合角5的表面通过的焊接电流I_1，使管坯1边缘极快地加热到焊接温度，经过挤压进行焊接，感应电流的另一部分I_2由管坯外周流经内周表面构成回路，由此产生的电阻热加热了管坯内表面，实际上它的加热与焊缝成形是无关的，故为无效电流，为了减小无效电流，需在管坯内放置由铁氧体组成的阻抗器 3 来增加管内壁的电抗，从而提高焊接效率。

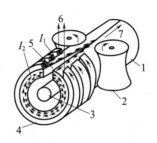

图 12—2　管材纵缝高频感应焊原理图

1—管坯　2—挤压滚轮　3—阻抗器　4—感应线圈　5—V 形会合角
6—高频电源　7—管坯运动方向　I_1—焊接电流　I_2—无效电流

5. 高频焊的特点及应用范围

（1）高频焊的特点

1）优点

①焊接速度快。由于高频电流的集肤效应和邻近效应，电流能高度集中于焊接区，加热速度相当快，而且在高速焊时不会产生跳焊，所以焊接速度可达 150～200 m/min。

②热影响区小。由于焊接速度快，热输入小，热量集中在很窄的连接表面上。而且焊件自冷作用强，不仅热影响区小，而且还不易发生氧化，从而可获得满意的焊缝。

③焊前对焊件可以不清理。焊前可不清除焊件待焊处的表面氧化物及其他污物，因为高频电流的电压很高，对表面氧化膜能导通，并且焊接时一般还能把它们从接缝中挤出去。

2）缺点

①高频焊设备在无线电广播频率范围工作。易造成辐射干扰。

②高频焊电路回路的高压部分对人身和设备的安全有威胁，要有特殊保护措施。

③高频焊电路回路中振荡管等元件的使用寿命较短，维修费用

较高。

④高频焊接时对接头装配质量要求高，尤其是连续高频焊接型材时装配和焊接都是自动化的，任何因素造成 V 形开口形状的变化都会引起焊接质量问题。

（2）应用范围

1）可焊的金属材料种类多。不但可焊接碳钢、合金钢，而且还能焊不锈钢、铝及其合金、铜及其合金以及镍、钛、锆等金属，也能进行异种金属的焊接。

2）产品的形状及规格多，且可以制造出异种材料的结构件。

3）广泛应用于管材的制造，如各种材料的有缝管、异形管、螺旋散热片管、电缆套管等。

4）能生产各种断面的型材或双金属板和一些机械产品，如汽车轮圈、汽车车厢板、工具钢与碳钢组成的锯条等。

5）焊接同样的管子所需的功率比用工频电阻焊时小，可以焊接 0.75 mm 的薄壁管子。

二、高频焊的安全特点

高频焊时，影响人身安全的最主要因素在于高频焊电源。高频发生器回路中的电压特别高，一般为 5～15 kV。如果操作不当，一旦发生触电，必将导致严重的人身伤亡事故。

另外，因为高频电磁场对人体和周围物体都有作用，可使周围金属发热，可使人体细胞组织产生振动，引起疲劳、头晕等症状，所以对高频设备裸露在机壳外面的各高频导体还需用薄铝板或铜板加以屏蔽，使工作场地的电场强度不大于 40 V/m。

第二节　高频焊设备结构特点

高频焊设备包括高频电源、输出变压器、电极触头、感应圈和阻抗器等。

一、高频电源

高频电源可采用电动机发电机机组、固体变频器（10 kHz 以下）或真空管振荡器（100～500 kHz）。

二、输出变压器

振荡器的输出阻抗较高，而感应器或触头与焊件回路的阻抗负载较低，因此，必须通过输出变压器进行阻抗匹配。输出变压器的二次侧一般为水冷钢管或铜板制成的一圈或多圈绕组，为改善一次侧、二次侧之间的磁耦合，可采用水冷铁氧体磁芯。此外，一次侧电压很高（10～25 kV），应注意绕组匝间的绝缘性。

三、电极触头

电极触头分为固定式和滑动式两种，一般用铜合金制成。触头用银钎焊法焊到强水冷却的铜座上。触头面积为 150～650 mm^2，焊接电流为 500～5 000 A。

四、感应圈

感应圈根据焊件形状用铜管或铜板制成，通水冷却，可制成一圈或多圈，当感应圈完全套在焊件上时可获得最佳效果。感应电流随着感应圈与焊件间隙的大小而变化，间隙一般为 2～13 mm。

五、阻抗器

为减少无效损失，可在管内插入磁芯，以此来减小内表面电流的装置称为阻抗器。

第三节　高频焊的操作规范

一、接头形式

高频焊是高速焊接的方法，适用于外形规则、简单，能在高速运动中保持恒定的接头形式，如对接接头、角接接头等。

二、高频焊工艺参数的选择

高频焊广泛应用于管材的制造，以管材纵缝高频焊为例选择高频焊工艺参数，主要包括电源频率，会合角，管坯坡口形状，触头、感应圈和阻抗器的安放，输入功率，焊接速度及焊接时的顶锻压力等。

1. 电源频率

可在一个较大的范围内选择电源频率。但从焊接效率考虑，提高频率可显著提高焊接效率。频率的选择取决于管坯材质及其壁厚，一般制造有色金属管材的频率要高于钢管材。壁厚不同，所要求的频率也不同，如频率选择不当，会使接缝两边加热过窄或厚度方向加热不均匀，从而导致焊缝强度降低，通常焊薄壁管时选高一些的频率，只有在制造壁特别厚的管材时才用 50 kHz 的频率。

2. 会合角

会合角的大小对高频焊闪光过程的稳定性、焊缝质量和焊接效率都有较大的影响。通常应取 $2° \sim 6°$。会合角小，邻近效应显著，有利于提高焊接速度；但会合角不能过小，过小时闪光过程不稳定，使过梁爆破后易形成难以压合的深孔或针孔等缺陷。会合角过大时，邻近效应减弱，使焊接效率下降，功耗增加，同时易使管坯边缘产生褶皱。

3. 管坯坡口形状

管坯坡口形状通常采用Ⅰ形坡口，但当管坯的厚度很大时，应采用 X 形坡口。

4. 触头、感应圈和阻抗器的安放

安放触头、感应圈及阻抗器时应满足以下要求:

(1) 触头安放位置应靠近挤压滚轮,它离两挤压滚轮中心线的距离为 20 ~ 150 mm。

(2) 感应圈的位置应与管子同轴放置,其前端距两挤压滚轮中心线的连线为 20 ~ 150 mm。距离的大小随管径及壁厚而变化。

(3) 阻抗器的位置应与管坯同轴安放,其头部与两挤压滚轮中心连线重合或离开中心连线 10 ~ 20 mm,阻抗器与管壁之间的间隙为 2 ~ 13 mm,间隙小时可提高效率。

5. 输入功率

输入功率小时管坯坡口面加热不足,达不到焊接温度,还会产生未焊合缺陷;输入功率大时会使焊接温度过高,引起过热或过烧,造成熔化金属严重喷溅而形成针孔或夹渣缺陷。

6. 焊接速度

随着焊接速度的提高,挤压速度随之提高,易得到满意的焊接质量;反之,则会产生较大的毛刺,使焊接质量下降。但在输出功率一定时,焊接速度也不能太快;否则达不到焊接温度,导致焊接缺陷的产生或根本焊不上。

7. 焊接时的顶锻压力

焊接压力的大小对焊接质量有很大的影响,一般顶锻压力为100 ~ 300 MPa。

第四节　高频焊操作

一、直管与法兰盘高频焊

直管与法兰盘高频焊焊件图如图 12—3 所示。

技术要求

1. 直管与法兰盘采取高频焊接。

2. 焊件由直管与法兰盘组成。

直管材质为 Q235A，尺寸为 $\phi89 \times 160 \times 3.5$。法兰盘的材质为 Q345，尺寸为 $\phi180 \times 12$；中心孔为 $\phi90$，在盘面直径为 $\phi150$ 处均布 3 个 $\phi14$ 的孔，在直径为 $\phi120$ 处加工 $R5$ 的缓冲槽。

3. 直管插入法兰盘应保证垂直、同轴，高频焊后接头致密、无缺陷。

训练内容	材料	工时
直管与法兰盘高频焊	Q345、Q235A 钢管	30 min

图 12—3　直管与法兰盘高频焊焊件图

二、高频焊操作训练

1. 焊前准备

（1）焊机。选择 WDS—15 型高频焊机，如图 12—4 所示。

图 12—4　WDS—15 型高频焊机

（2）焊件及钎料、熔剂。焊件中直管材质为 Q235 A，尺寸为 $\phi89$ mm $\times$ 160 mm $\times 3.5$ mm。法兰盘的材质为 Q345，$\phi180$ mm $\times 12$ mm；需要在法兰盘中心加工 $\phi90$ mm 圆孔，盘面直径 $\phi150$ mm 处均布 3 个 $\phi14$ mm 的孔，在 $\phi120$ mm 处加工 $R5$ mm 的缓冲槽。

钎料选择黄铜钎料 HL103（型号为 B—Cu54Zn）、熔剂选择 CJ301（硼砂），如图 12—5 所示。

图 12—5　直管、法兰盘、钎料和熔剂

（3）装配。首先用钢丝刷将直管与法兰盘清理干净，并露出金属光泽。用砂布对钎料表面的氧化膜进行认真清理。然后将钎料在直管端部缠绕两圈，如图 12—6a 所示，再插入法兰盘中心孔内，保证直管与法兰盘垂直、同轴，如图 12—6b 所示。

a)将钎料缠绕在直管端部　　b)将直管插入法兰盘内

图 12—6　直管与法兰盘装配

2. 焊接前操作

（1）在启动焊机前应检查冷却水系统，待确认正常后才能启动高频焊机。

（2）将直管与法兰盘放入高频焊机的高频感应圈内，调整感应圈的位置应与管子同轴，在法兰盘下垫上砖头，使高频加热圈接近焊件的接缝处，然后用手捏一些粉状的熔剂，均匀地撒到直管与法兰盘的接缝处。

3. 调试工艺参数

启动高频焊机，初步选择焊接参数：电源频率为 40 kHz，会合角为 2° ~ 4°，输入功率为 50 kW，焊接速度为 8 ~ 12 m/min。可通过试焊找到最佳的焊接工艺参数。

4. 焊接操作

　　启动焊接开关，高频感应圈对焊件进行加热，如图 12—7 所示，观察受热状态的熔剂开始熔融，接着看钎料，随着焊件变红，温度不断升高，由缠绕在接缝处的固态突然间成液态渗入焊缝内，此时，如果焊缝不饱满可适当地添加一些钎料，直到满意为止（见图 12—8），然后关闭焊接控制开关，完成焊接。

图 12—7　焊接过程的焊件

图 12—8　完成的焊件

第十三章　电容储能点焊安全

第一节　电容储能点焊原理、特点及适用范围

一、电容储能点焊的原理

电容储能点焊是指利用工频交流电经整流器整流后向电容器充电，被存储的电能再经焊接变压器放电转换成低电压的且能量比较集中、稳定的脉冲电流，通过被焊焊件的接触点产生电阻热将金属熔接的一种焊接方法。

二、电容储能点焊的特点及适用范围

1. 优点

（1）电容储能点焊放电时间短，热影响小。由于电容充、放电的特性，除充电过程可以通过电路控制充电电流的大小及时间外，放电则是不受控的瞬间放电。放电的能量（电流）就是其全部的蓄能，放电的时间只与二次回路的阻抗相关，（峰值）仅数毫秒至十几毫秒。这样短的放电时间使焊点的变形小，不易变色，满足一些对点焊外观要求高的场合。小功率的储能点焊机还可取代逆变点焊机来完成精密零件的点焊。

（2）电容储能点焊瞬间电流大，适合大电流的凸焊工艺。目前国内已有 100 kJ 储能点焊机的应用，其瞬间峰值电流可达到 800 kA。

（3）电容储能点焊的放电电流不受电网影响，且其充、放电也不影响电网。由于其充、放电的原理，即使电网的波动大（一定范围内），充电回路也会保证其充电到设定值，这样其释放的能量就是恒定

的，焊接电流就是恒定的，也就保证了焊接质量的稳定。

2. 缺点

（1）通电时间不可控，焊接工艺参数较难调整。点焊的三要素为焊接电流、焊接时间、焊接压力，如果其中一项不可调，要想调到合适的工艺参数来满足焊件的焊接要求，其难度自然要高些。

（2）需要充电时间，不适合高速的连续点焊作业。这主要针对小功率储能点焊机自动化焊接而言，大功率储能焊机的预压、保压、装卸焊件的时间都会超过充电时间。

（3）电容需定期更换，维护成本较高。由于电容易老化，有一定的使用寿命，一般在其充、放电 300 万次后，其储能量和充、放电性能开始衰退，因此，正常使用时需定期更换电容，造成维护成本比其他点焊机高。

3. 适用范围

电容储能点焊常用、适用的范围有镀锌板的多点凸焊、不锈钢的多点凸焊、螺母凸焊、要求密封的环凸焊、精细零件点焊、薄板点焊。

第二节　电容储能点焊机原理、构成和主要技术参数

一、电容储能点焊机原理

电容储能点焊机是利用电容储存能量而在瞬时释放出电流，同时集中大电流穿过小积点时达到熔接效果，整个焊接过程仅几千分之一秒，可通过数千安培电流完成焊接。因此，焊接时对焊件过热氧化和机械变形的影响最小。

二、电容储能点焊机的构成和主要技术参数

1. 电容储能点焊机的构成

电容储能点焊机有整流器、电容组及充电和放电控制器、焊接变压器等组件，其构成如图·13—1 所示。

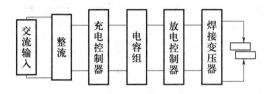

图 13—1　电容储能点焊机的构成

2. 电容储能点焊机的主要技术参数（见表13—1）

表 13—1　　部分电容储能点焊机的主要技术参数

型号	输入 (V)	功率 (kV·A)	输出 (WS)	电容量 (μF)	加压压力 (N)	行程 (mm)	闭合尺寸 (mm)	平台距离 (mm)	电极距离 (mm)	冷却水 (L/min)
WL—C—3K	220/380	3.5	1 500	13 500	3 500	80	145 ~ 225	250	320 ~ 420	2
WL—C—5K	220/380	5	3 000	27 000	3 500	80	145 ~ 225	250	320 ~ 420	2
WL—C—7K	220/380	7	4 500	40 500	5 000	80	180 ~ 280	250	320 ~ 420	3
WL—C—10K	380	10	6 000	55 500	10 000	100	130 ~ 230	260	490 ~ 540	3
WL—C—15K	380	15	8 000	73 500	15 000	100	130 ~ 230	260	490 ~ 540	6

第三节 电容储能点焊操作

一、铝板电容储能点焊

铝板电容储能点焊焊件图如图 13—2 所示。

技术要求

1. 搭接的铝板采取电容储能点焊连接。
2. 铝板材质为 1070A，尺寸为 $50 \times 20 \times 1.5$，两块装配成直角。
3. 搭接的铝板经电容储能点焊后，焊点牢固、无缺陷。

训练内容	材料	工时
铝板电容储能点焊	1070A	1 min

图 13—2 铝板电容储能点焊焊件图

二、电容储能点焊操作训练

1. 焊前准备

（1）焊机。电容储能点焊机如图 13—3 所示。

图 13—3 电容储能点焊机

（2）焊件。铝板材质为 1070A，按焊件图的要求加工成 50 mm × 20 mm × 1. 5 mm，两块组成一组焊件。

（3）装配。铝板采用砂布将其表面的氧化膜清理干净，焊接时应将两块铝板搭接装配成直角。

2. 焊接前操作

（1）首先将冷却水外接水源接入机体进水管，打开出水阀门，确保冷却水流通。

（2）将压缩空气接入机身进气接管，打开气阀开关，调整减压阀（右旋气压增大，左旋气压减小）。

（3）启动电源操作开关，指示灯亮，将"焊接/调校"开关置于"调校"位置，进行焊接前工艺参数的设定。初定电容储能点焊参数：焊接电流为 75 kA，充电电压为 290 V，放电时间为 0.9 s，焊接压力为 10 kN。可通过试焊找到最佳的焊接工艺参数。

3. 焊接操作

（1）将焊接操作开关置于"ON"的位置，电源指示灯亮。

（2）将"焊接/调校"开关置于"焊接"位置，上电极复位上行处于焊接待命状态。

（3）将待焊铝板按图 13—4 所示组对成直角，置于电极之间，脚踩开关，上电极下落与搭接的铝板接触，在焊接压力下电容储能放电 0. 9 s（见图 13—5），两搭接的铝板形成熔核，完成焊接（见图 13—6）。

图 13—4　将焊件置于电极间　　　　图 13—5　电极下落点焊

图 13—6　铝板焊件

4. 焊接结束，关闭总电源、压缩空气和冷却水